MATLAB 基础及应用

■ 刘勍 温志贤 编著

东南大学出版社
·南京·

内容简介

MATLAB 语言是目前工程应用与科学计算上流行比较广泛的科学语言,它具有强大的数据处理、方便的图形可视化、简捷的语法结构及高效的编程能力等特点。本书由基础和应用两部分组成。基础章节主要包括 MATLAB 语言的主要功能、基本语法和使用方法,在第 1 章至第 6 章系统介绍了 MATLAB 的工作环境、MATLAB 数据及基本操作、程序设计、图形基础、MATLAB 数值计算与符号计算等内容。在第 7 章和第 8 章应用部分详细讨论了 MATLAB 在物理学及电路分析中的应用。

本书通过对 MATLAB 基础的介绍和实用例子的应用,使读者把一定的数学运算、相关专业知识与 MATLAB 编程相结合,并通过计算机模拟与仿真,既能使读者加深对基本理论和方法的理解,又能使读者快速掌握 MATLAB 编程应用的技巧。

本书内容丰富,仿真实例多,针对性强,易于学习。可作为高等学校电子信息类、物理类专业课程的教材或教学参考书,也可作为其他理工类各专业大学生的教材及相关专业领域科技工作者的自学参考书。

图书在版编目(CIP)数据

MATLAB 基础及应用/刘勍,温志贤编著.—南京:
东南大学出版社,2011.1(2018.8 重印)
ISBN 978-7-5641-2376-5

Ⅰ.①M… Ⅱ.①刘…②温… Ⅲ.①计算机辅助计算
—软件包,MATLAB Ⅳ①.TP391.75

中国版本图书馆 CIP 数据核字(2011)第 156082 号

MATLAB 基础及应用

出版发行	东南大学出版社
社　　址	南京市四牌楼 2 号(邮编:210096)
出 版 人	江建中
印　　刷	南京玉河印刷厂
开　　本	787mm×1092mm　1/16
印　　张	16
字　　数	393 千字
版　　次	2018 年 8 月第 1 版第 5 次印刷
书　　号	ISBN 978-7-5641-2376-5
定　　价	32.00 元

* 东大版图书若有印装质量问题,请直接联系读者服务部,电话:(025)83792328。

MATLAB 基础及应用

前言

MATLAB 是由 MathWorks 公司于 1984 年推出的一种面向科学与工程的计算软件。它集数值分析、矩阵运算、程序设计、符号计算及图形显示于一体,该软件具有简单易学、功能强大、使用方便、编程高效、界面友好等特点,已被广泛的应用在数学、物理学、化学、电子信息科学、工程力学及经济学等理工科和社会科学的不同应用领域。随着计算机技术在各个领域的深入应用,MATLAB 语言已经成为大学生、研究生必须掌握的基本技能,已经成为广大科研工作者进行科学研究和工程实践的必备工具。

为了进一步推广和普及 MATLAB 语言,使其能更好地与理工科学生的专业实践课程相结合,我们在总结多年教学改革和科研工作体会的基础上,组织编写了本书。在本书的编写过程中,我们从计算机应用技术、数学、电子信息类、物理类专业课程的实践应用特点出发,力求做到:取材新颖、内容丰富、加强基础、注重实用、层次分明、实例广泛及便于教学。

本书共分 8 章,全面介绍了 MATLAB 的基本概况、数学基础、使用方法、程序设计、图形基础和计算功能。第 1 章为 MATLAB 概述,介绍了 MATLAB 的基础入门知识;第 2 章介绍了 MATLAB 的数据及基本操作,主要涉及 MATLAB 的变量、矩阵及其索引分析、字符串、单元数据和结构数据等内容;第 3 章重点介绍了 MATLAB 程序设计,主要包括 M 文件及其程序控制与调试等内容;第 4 章介绍了 MATLAB 图形基础,主要涉及交互式绘图、二维指令绘图、三维图形绘制以及图形的保存输出等内容;第 5 章介绍了 MATLAB 数值计算功能,主要包括多项式计算、线性方程求解、数据分析及插值运算等内容;第 6 章介绍了 MATLAB 符号计算,主要涉及基本符号运算、符号函数的运算、符号方程的求解及符号函数的绘图等内容;第 7 章重点介绍了 MATLAB 语言在力学、热学、电磁学、振动与波、光学等物理学中的应用;第 8 章主要介绍了 MATLAB 在电路分析中的应用,主要涉及在电阻电路、动态电路、正弦稳态电路及频率响应等方面的应用。本书所介绍的实例均是在 MATLAB7.04 环境下调试通过。

本书由刘勍、温志贤编写，其中第 1 章至第 7 章由刘勍编写，第 8 章由温志贤编写，全书由刘勍修改定稿。同时，该书受到甘肃省自然科学基金计划项目(1010RJZE028)、天水师范学院教学改革研究项目"MATLAB 在电子信息与物理类专业教学中的改革与实践"以及天水师范学院"青蓝"人才工程等项目的资助。此外，本书在编写过程中得到了董忠、汪聚应、张少刚、雍际春等老师的热情支持及大力帮助，编者谨在此一并表示衷心的感谢！

由于 MATLAB 语言发展速度快、涉及面广，而编者的水平有限，书中难免出现错误或不妥之处，敬请广大读者批评指正，以便我们在未来的教学和科研工作中不断改进，从而使本书在再版时更臻完美。

编　者
2011 年 12 月

MATLAB 基础及应用

目录

第1章 MATLAB 概述 ·· 1
  1.1 MATLAB 的发展 ·· 1
  1.2 MATLAB 的特点 ·· 2
  1.3 MATLAB 的组成体系 ··· 3
    1.3.1 MATLAB 的主要组成 ··· 3
    1.3.2 MATLAB 的核心模块 ··· 4
  1.4 MATLAB 的工作环境 ··· 7
    1.4.1 MATLAB 的启动与退出 ··· 7
    1.4.2 MATLAB 的主窗口 ··· 8
    1.4.3 命令窗口(Command Window) ································ 12
    1.4.4 工作空间(Workspace)窗口 ···································· 14
    1.4.5 当前目录(Current Directory)窗口和搜索路径 ········ 14
    1.4.6 命令历史记录(Command History)窗口 ················· 17
    1.4.7 Start 菜单 ·· 18
  1.5 MATLAB 的帮助系统 ··· 18
    1.5.1 常用操作帮助的函数 ·· 19
    1.5.2 在线帮助 ·· 19
    1.5.3 窗口帮助 ·· 21
  习题 ·· 23

第2章 MATLAB 数据及基本操作 ··· 24
  2.1 MATLAB 的数据类型 ··· 24
  2.2 变量及其操作 ·· 25
    2.2.1 变量与变量赋值 ·· 25
    2.2.2 变量的管理 ·· 27
    2.2.3 MATLAB 中的标点 ·· 28
    2.2.4 数据的输出格式 ·· 29
  2.3 MATLAB 矩阵基础 ··· 30
    2.3.1 矩阵的创建与保存 ·· 30

· 1 ·

  2.3.2 向量的生成和运算 ………………………………………………… 33
  2.3.3 矩阵的算术运算 …………………………………………………… 37
  2.3.4 关系运算和逻辑运算 ……………………………………………… 43
  2.3.5 位运算 ……………………………………………………………… 48
 2.4 矩阵索引与分析 ………………………………………………………… 49
  2.4.1 向量元素的访问 …………………………………………………… 49
  2.4.2 矩阵元素的访问 …………………………………………………… 50
  2.4.3 矩阵结构变换 ……………………………………………………… 53
  2.4.4 矩阵函数 …………………………………………………………… 57
 2.5 字符串 …………………………………………………………………… 60
  2.5.1 字符串的创建 ……………………………………………………… 60
  2.5.2 字符串基本操作 …………………………………………………… 61
  2.5.3 字符串操作函数 …………………………………………………… 63
  2.5.4 字符串转换函数 …………………………………………………… 65
 2.6 单元数据和结构数据 …………………………………………………… 68
  2.6.1 单元数据 …………………………………………………………… 68
  2.6.2 结构数据 …………………………………………………………… 73
 习题 ……………………………………………………………………………… 78

第3章 MATLAB 程序设计 ……………………………………………………… 80
 3.1 M 文件 …………………………………………………………………… 80
  3.1.1 M 文件的建立与打开 ……………………………………………… 80
  3.1.2 命令文件与函数文件 ……………………………………………… 81
  3.1.3 局部变量与全局变量 ……………………………………………… 86
 3.2 M 文件的程序控制 ……………………………………………………… 87
  3.2.1 顺序结构 …………………………………………………………… 87
  3.2.2 条件结构 …………………………………………………………… 88
  3.2.3 循环结构 …………………………………………………………… 92
  3.2.4 其他流程控制语句 ………………………………………………… 96
 3.3 M 文件调试 ……………………………………………………………… 97
  3.3.1 一般调试过程 ……………………………………………………… 97
  3.3.2 编辑功能和调试功能 ……………………………………………… 99
  3.3.3 调试函数 ………………………………………………………… 102
 习题 …………………………………………………………………………… 106

第4章 MATLAB 图形基础 …………………………………………………… 107
 4.1 概述 …………………………………………………………………… 107

4.2 交互式绘图 ··· 108
　4.2.1 基本绘图 ·· 108
　4.2.2 交互式绘图工具 ·· 110
4.3 二维指令绘图 ··· 124
　4.3.1 基本绘图指令 ·· 124
　4.3.2 绘制图形的辅助操作 ··· 128
　4.3.3 二维图形绘制的其他函数 ·· 135
4.4 三维图形绘制 ··· 139
　4.4.1 绘制三维曲线的基本函数 ·· 139
　4.4.2 三维曲面绘制 ·· 140
　4.4.3 其他三维图形绘制 ·· 144
　4.4.4 三维图形的精细处理 ··· 146
4.5 图形的保存和输出 ··· 150
　4.5.1 保存和打开图形文件 ··· 150
　4.5.2 导出到文件 ··· 151
　4.5.3 拷贝图形文件 ·· 152
习题 ··· 153

第5章 MATLAB 数值计算 ·· 155
5.1 多项式计算 ·· 155
　5.1.1 多项式的创建 ·· 155
　5.1.2 多项式的运算 ·· 156
5.2 线性方程求解 ··· 161
　5.2.1 方阵系统线性方程 ·· 162
　5.2.2 超定系统线性方程 ·· 163
　5.2.3 欠定系统线性方程 ·· 163
5.3 数据分析 ··· 164
　5.3.1 基本统计命令 ·· 164
　5.3.2 协方差阵和相关阵 ·· 166
　5.3.3 数值微积分 ··· 167
5.4 插值运算 ··· 170
　5.4.1 一维插值 ·· 170
　5.4.2 二维插值 ·· 172
习题 ··· 175

第6章 MATLAB 符号计算 ·· 176
6.1 符号对象的创建和使用 ··· 176

- 6.1.1 符号表达式的生成 …… 176
- 6.1.2 符号矩阵的生成 …… 179
- 6.1.3 默认符号变量 …… 180
- 6.2 基本符号运算 …… 181
  - 6.2.1 符号表达式的因式分解与展开 …… 181
  - 6.2.2 符号表达式的化简与分式通分 …… 182
  - 6.2.3 符号表达式的嵌套与替换 …… 184
- 6.3 符号函数的运算 …… 185
  - 6.3.1 符号函数的算术运算 …… 185
  - 6.3.2 符号函数的极限 …… 186
  - 6.3.3 符号的微积分 …… 186
  - 6.3.4 Taylor 级数展开 …… 188
  - 6.3.5 复合函数及反函数的运算 …… 188
- 6.4 符号方程的求解 …… 189
  - 6.4.1 符号代数方程组的求解 …… 189
  - 6.4.2 符号微分方程求解 …… 190
- 6.5 符号函数的绘图 …… 190
  - 6.5.1 二维绘图函数 …… 190
  - 6.5.2 三维绘图函数 …… 191
- 6.6 积分变换 …… 194
  - 6.6.1 几种常用变换及其逆变换 …… 194
  - 6.6.2 数值与符号的转换 …… 195
- 习题 …… 195

第 7 章 MATLAB 在物理学中的应用 …… 197
- 7.1 力学基础 …… 197
- 7.2 分子物理学和热学 …… 202
- 7.3 电磁学 …… 206
- 7.4 振动与波 …… 210
- 7.5 光学 …… 213
- 习题 …… 216

第 8 章 MATLAB 在电路分析中的应用 …… 217
- 8.1 电阻电路 …… 217
- 8.2 动态电路 …… 221
- 8.3 正弦稳态电路 …… 230
- 8.4 频率响应 …… 239
- 习题 …… 245

参考文献 …… 246

第 1 章　MATLAB 概述

1.1　MATLAB 的发展

　　MATLAB 的首创者是在数值线性代数领域颇有影响的 Cleve Moler 博士,他在 1980 年前后任美国新墨西哥大学计算机科学系主任,在给学生讲授线性代数课程时,深感高级语言编程的诸多不便之处,于是萌生了开发新软件平台的念头,这个软件平台就是 MATLAB(MATrix LABoratory,矩阵实验室),MATLAB 当时采用了流行的基于特征值计算的软件包 EISPACK 和线性代数软件包 LINPACK 中的子程序,并利用 FORTRAN 语言编写而成。现今的 MATLAB 已全部采用 C 语言改写,并使用户界面变得越来越友好。

　　1984 年由 Moler 博士等一批数学家和软件专家组建的 MathWorks 软件公司,专门从事 MATLAB 的扩展与改进,并正式推出 MATLAB 第 1 版(DOS 版),以后 MATLAB 的版本不断更新,功能越来越强大,除了数值计算功能外,还新增了图形处理功能。到 1992 年该公司推出了具有划时代意义的 MATLAB V4.0,并与 1993 年推出了可用于 IBM PC 及其兼容机上的微机版,该版本可以在 Windows 3.X 上使用,使 MATLAB 的应用得到了前所未有的发展。1994 年推出的 4.2 版本扩充了 4.0 版的功能,并得到了广泛的重视和应用。1997 年春,MATLAB 5.0 版本问世,5.0 版支持了更多的数据结构,成为一种更方便、更完善的编程语言。1999 年初推出的 MATLAB 5.3 版在很多方面有进一步改进了 MATLAB 语言功能,并推出全新版本的最优化工具箱和 Simulink 3.0 版本。之后,MATLAB 一直在不断改进与创新,2000 年 10 月,MATLAB 6.0 版本问世,操作界面做了很大的改观,为用户提供了很大的方便,计算性能更好,速度更快,图形用户界面设计更趋合理,与 C 语言接口及转换的兼容性更强,并产生了 Simulink 4.0 新版本。2001 年 6 月推出了 MATLAB 6.1 版及 Simulink 4.1 版本,功能已很完善。2002 年 6 月又推出了 MATLAB 6.5 版及 Simulink 5.0 版,在计算方法、图形功能、用户界面设计、编程手段和工具等方面都有了重大的改进。

　　2004 年 6 月 MathWorks 公司正式推出了 MATLAB 7.0,与之配套的 Simulink 升级为 6.0,该版本主要增强了编程代码的有效性、绘图功能及其可视化效果,使系统能力更强,功能更完善。2005 年 3 月,MATLAB 7.0.4 正式颁布。从 2006 年按照 MathWorks 公司的发表声明,对 MATLAB 每年将进行两次产品发布,以发布的年份作为版本号,并在新的版本中不断增加新的功能,每年 3 月份发布的版本为 a 版本,9 月份发布的为 b 版本。对于 MATLAB 的版本,国内习惯使用 MATLAB 产品体系核心模块——将其模块的版本作为整个产品体系的版本号,例如前面提到的 MATLAB 4.0、

5.0、7.0 等,而 MathWorks 公司对 MATLAB 产品使用发布次数计数版本号,从 2000 年以来,MATLAB 发布时间、版本号及对应核心模块的对照关系如下表 1.1 所示。本书以 MATLAB7.0.4 版为基础,全面介绍 MATLAB 的各种功能与应用。

表 1.1 MATLAB 发布时间、版本号及对应核心模块关系

发布时间	版 本 号	核心模块
2000 年 10 月	MATLAB 6.0	MATLAB Release 12
2001 年 6 月	MATLAB 6.1	MATLAB Release 12.1
2002 年 6 月	MATLAB 6.5	MATLAB Release 13
2003 年 3 月	MATLAB 6.5.1	MATLAB Release 13 Service Pack 1
2003 年 3 月	MATLAB 6.5.2	MATLAB Release 13 Service Pack 2
2004 年 6 月	MATLAB 7.0	MATLAB Release 14
2004 年 9 月	MATLAB 7.0.1	MATLAB Release 14 Service Pack 1
2005 年 3 月	MATLAB 7.0.4	MATLAB Release 14 Service Pack 2
2005 年 9 月	MATLAB 7.1	MATLAB Release 14 Service Pack 3
2006 年 3 月	MATLAB 7.2	MATLAB Release 2006a
2006 年 9 月	MATLAB 7.3	MATLAB Release 2006b
2007 年 3 月	MATLAB 7.4	MATLAB Release 2007a
2007 年 9 月	MATLAB 7.5	MATLAB Release 2007b
2008 年 3 月	MATLAB 7.6	MATLAB Release 2008a
2008 年 9 月	MATLAB 7.7	MATLAB Release 2008b
2009 年 3 月	MATLAB 7.8	MATLAB Release 2009a
2009 年 9 月	MATLAB 7.9	MATLAB Release 2009b

MATLAB 是一种以矩阵运算为基础的交互式程序语言,是专门针对科学和工程中计算和绘图的需求而开发的。与其他计算机语言相比,具有简洁和智能化的特点,人机交互性能好,特别是它可适应多种平台,并且随着计算机软硬件的更新而及时升级。目前,在各高等院校 MATLAB 语言已广泛的应用在数学、电子信息、物理学、化学及经济学等不同的学科中,成为大学生和研究生必须掌握的基本编程语言。在科研与工程应用领域,MATLAB 已广泛的用来解决许多具体的实际问题。并且随着 MATLAB 版本不断升级更新,它在基本课程教学、科学研究和工程应用中将会发挥越来越大的作用。

1.2 MATLAB 的特点

MATLAB 自从 1984 年由 MathWorks 公司发布以来,已经历了 20 多年的发展和竞争,现已风靡全球,该软件之所以被广大用户所喜爱,就是因为它具有区别于其他应用软件的独特特点。

第1章　MATLAB 概述

1. 灵活的数值与符号计算

每个数值或符号变量都用一个矩阵表示,它有 $n\times m$ 个元素,而且矩阵无需定义即可采用,可随时改变矩阵的尺寸,这在其他高级语言中是很难实现的。一般以复数矩阵作为基本编程单元,每个元素都看做复数,使矩阵操作变得轻而易举。所有的运算都对矩阵和复数有效,包括加、减、乘、除、函数运算等。

2. 简单的语句表达

MATLAB 语句书写简单,表达式的书写如同在稿纸中演算一样,与人们的手工运算相一致,容易被人们所接受。

3. 强大的语句描述

MATLAB 语句功能强大,一条语句往往相当于其他高级语言中的几十条、几百条甚至几千条语句。例如,利用 MATLAB 求解 FFT(快速傅里叶变换)问题时,仅需几条语句,而当采用 C 语言实现时需要几十条语句,采用汇编语言实现则需要 3 000 多条语句。

4. 简洁完善的图形绘制

MATLAB 系统具有丰富的图形功能。MATLAB 系统本身是一个 Windows 下的具有良好用户界面的系统,而且提供了丰富的图形界面设计函数。可根据输入数据自动确定绘图坐标,能在规定的多种不同坐标系(极坐标、对数坐标等)绘图。不但能绘制二维图形还能绘制三维坐标中的曲线和曲面。并可设置不同的颜色、线型、视角等。

5. 智能化的自动处理

在绘制图形时可自动选择最佳坐标以及自动定义矩阵阶数。在作数值积分时能自动按照积分精度选择步长。在程序调试中能够自动检测和显示程序的错误,易于检查与调试。

6. 丰富的工具箱函数

MATLAB 提供了许多面向应用问题求解的工具箱函数,从而大大方便了各个领域科研人员的使用。目前,MATLAB 提供了 30 多个工具箱函数,如信号处理、图像处理、控制系统、非线性控制设计、鲁棒控制、系统辨识、最优化、神经网络、模糊系统和小波等。它们提供了各个领域应用问题求解的便利函数,使系统分析与设计变得更加简捷。

7. 简易的扩展功能

MATLAB 的易扩展性是最重要的特性之一,也是 MATLAB 得以广泛应用的原因之一。MATLAB 给用户提供了广阔的扩展空间,用户可以很容易地编写出适合于自己和专业特点的 M 文件,供自己或同伴使用,这实际上扩展了 MATLAB 的系统功能。

一般而言,强大的功能需要复杂的软件来支持,但 MATLAB 留给用户的是友好的界面、易记的命令和简便的操作。

1.3　MATLAB 的组成体系

1.3.1　MATLAB 的主要组成

MATLAB 按照功能划分,其主要组成部分包括:开发环境、数学函数库、编程与数据类型、文件 I/O、图形、三维可视化、创建图形用户界面和外部接口等。

1. MATLAB 的开发环境

MATLAB 的工作环境是一个界面友好的窗口，它提供了一组实用工具函数，利用这些函数可以管理工作空间中的变量、输入/输出数据，也可以开发、管理、调试 M 文件。MATLAB 系统将程序编辑器、调试器、执行器集成在一起，使用户编写程序简单，调试程序方便，运行程序迅速，结果显示直观。

2. MATLAB 的数学函数库

MATLAB 提供了许多数学函数，它们是内部函数。例如，求和、正弦、余弦等基本函数，也包含许多复杂函数，例如，矩阵求逆、FFT 等函数。

3. 编程与数据类型

MATLAB 提供了许多种数据类型。例如，整型、双精度、字符、结构型等，以方便用户选择使用。这里还包含运算所需的操作符和 MATLAB 的编程技术。

4. 文件 I/O

MATLAB 提供了一组读/写文件的命令，文件类型可以是各种常用的格式，例如，.m、.mdl、.mat、.fig、.pdf、.html 文件和普通的文本文件等。其中 .mat 文件可以采用 load 命令直接读取。

5. 图形处理

MATLAB 包含有丰富的图形处理能力，提供了绘制各种图形、图像数据的函数。另外，它还包括一些低级的图形命令，可以供用户自己制作、控制图形特性之用。

6. 三维可视化

MATLAB 提供了一组绘制二维曲面和三维曲线的函数，它们还可以对图形进行旋转、缩放等操作。

7. 创建图形用户界面

为方便用户设计图形用户界面，MATLAB 提供了一些可以用于设定窗口、修改属性等操作的函数。

8. 外部接口

这组函数允许用户在 MATLAB 中编写 C 或 FORTRAN 程序，从而使 MATLAB 与 C、FORTRAN 程序结合起来。对熟悉 C 和 FORTRAN 语言编程的人来说，可轻而易举地将以前编写的 C、FORTRAN 语言程序移植到 MATLAB 中。

1.3.2 MATLAB 的核心模块

MATLAB 系统中不同的模块会完成不同的功能，其中主要核心模块是由 MATLAB 和 Simulink 为基础组成的，它们在系统和用户编程中占据着重要的地位。

1. MATLAB Toolboxes（工具箱）及其产品模块

针对各个应用领域中的问题，MATLAB 提供了许多实用函数，称为工具箱函数。MATLAB 之所以能得到广泛应用，源于 MATLAB 众多的工具箱函数给各个领域的应用人员带来的方便。

MATLAB 工具箱和产品模块包括：

(1) 数学与数据分析

◆ Optimization

第1章 MATLAB 概述

- Statistics
- Neural Network
- Symbolic Math
- Partial Differential Equation
- Mapping
- Spline
- Curve Fitting
- Bioinforamtics
- Genetic Algorithm and Direct Search

（2）数据采集与测量测试

- Data Acquisition
- Image Acquisition
- Instrument Control
- Database
- OPC Toolbox
- Excel Link

（3）信号与图像处理

- Signal Processing
- Image Processing
- Communication
- System Identification
- Wavelet
- Filter Design
- Filter Design HDL Coder
- Link for Code Composer Studio

（4）控制系统设计与分析

- Control System
- Fuzzy Logic
- Robust Control
- Model Predictive Control

（5）财经与金融

- Financial
- Financial Time Series
- GARCH
- Datafeed
- Financial Derivatives

◆ Fixed Income

（6）应用程序集成与发布

◆ MATLAB Compiler

◆ MATLAB Report Generator

◆ MATLAB Web Server

◆ MATLAB Builder for .NET

◆ MATLAB Builder for Excel

◆ MATLAB Builder for Java

2. Simulink 模块

Simulink 是 MATLAB 附带的软件，它是对非线性动态系统进行仿真的交互式系统。在 Simulink 交互式系统中，可利用直观的方框图构建动态系统，然后采用动态仿真的方法得到结果，并且利用 Simulink 几乎可以做到不用书写一行代码就可完成整个动态系统建模的工作。

Simulink 的特点：

（1）交互式建模：Simulink 本身提供了大量的功能块，方便用户快速建立动态系统的模型，建模的时候只需要利用鼠标拖放功能块并将其连接起来即可。

（2）交互式仿真：Simulink 的框图提供可交互的仿真环境，可以将仿真结果动态的显示出来，并且在各种仿真过程中，可调节系统的参数。

（3）任意扩充和定制功能：Simulink 的开放式结构允许用户扩充仿真环境的功能，可以将用户利用 C、C++，FORTRAN 语言编写的算法集成到 Simulink 框图中。

（4）与 MATLAB 工具集成：Simulink 的基础是 MATLAB，因此在 Simulink 框图中可以直接利用 MATLAB 的数学、图形和编辑功能，完成诸如数据分析、过程自动化分析、优化参数等工作。

（5）专业模型库：为了扩展 Simulink 的功能，MathWorks 公司针对不同的专业领域开发了各种专业模型库，将这些模型库同 Simulink 的基本模块库结合起来，可以完成不同专业领域的动态系统的建模工作，其相关产品以及专业模块如表 1.2 所示。

表 1.2　MATLAB 中主要的 Simulink 相关模块

产品名称	描　述
Simulink	图形化建模仿真环境
Simulink Accelerator	Simulink 模型化加速器
Simulink Control Design	Simulink 线性化控制系统设计工具
Simulink Parameter Estimation	Simulink 模型参数预估工具
Simulink Response Optimization	Simulink 控制系统响应优化工具
Simulink Fixed Point	Simulink 定点系统仿真

第1章 MATLAB 概述

(续表)

产品名称	描　　述
Simulink Verification and Validation	Simulink 模型验证工具
Simulink Report Generator	Simulink 自动文档生成工具
Simulink HDL Coder	将 Simulink 模型生成 HDL 代码
SimBiology	生物系统仿真模块库
SimDriverline	车辆传动系统仿真专业模块库
SimHydraulic	液压系统仿真模块库
SimPowerSystem	电力电子系统仿真模块库
SimMechanics	机械系统仿真专业模块库
Video and Image Processing Blockset	视屏与图像处理仿真模块库
Stateflow	基于逻辑驱动的建模工具
Stateflow Coder	Stateflow 的代码生成工具
Aerospace Blockset OPOQRSTAB	航空航天及国防专业模块库
Communication Blockset	通信系统仿真专业模块库
Gauges Blockset	虚拟仪器仪表专业模块库

1.4　MATLAB 的工作环境

1.4.1　MATLAB 的启动与退出

1. MATLAB 系统的启动

MATLAB 系统的启动与一般的 Windows 程序一样,有 3 种常见的方法:

(1) 将 MATLAB 系统启动程序以快捷的方式放在 Windows 桌面上,双击该图标即可启动 MATLAB。

(2) 在 Windows 桌面,单击任务栏上的"开始"按钮,选择"程序"菜单项,然后选择"MATLAB 7.0.4"选项,就可启动 MATLAB 系统。

(3) 在 Windows 桌面,单击任务栏上的"开始"按钮,选择"运行"选项,在其"打开"中输入"matlab.exe"并运行。

MATLAB 启动后,将会进入 MATLAB 7.0.4 桌面主窗口(如图 1.1 所示)。该集成环境中包括多个窗口,除了主窗口外,还有命令窗口(Command Window)、当前目录(Current Directory)窗口、工作空间(Workspace)窗口、命令历史(Command History)窗口,这些窗口组成了 MATLAB 的工作界面。

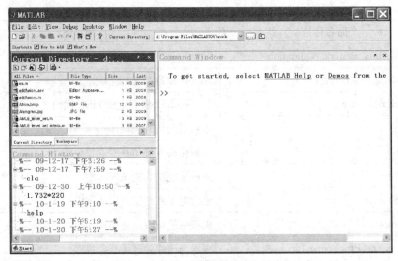

图 1.1　MATLAB 的桌面主窗口

2．MATLAB 系统的退出

退出 MATLAB 系统，也有 3 种常见方法：

(1) 单击 MATLAB 命令窗口的关闭按钮。

(2) 在 MATLAB 命令窗口 File 菜单中选择 Exit MATLAB 命令。

(3) 在 MATLAB 命令窗口输入 Exit 或 Quit 命令。

1.4.2　MATLAB 的主窗口

MATLAB 主窗口是 MATLAB 的主要工作界面，在主窗口上除了镶嵌命令窗口等一些子窗口外，还包括菜单栏和工具栏。

1．菜单栏

(1) File 菜单：File 菜单包含的选项如图 1.2 所示，具体功能如表 1.3 所示。

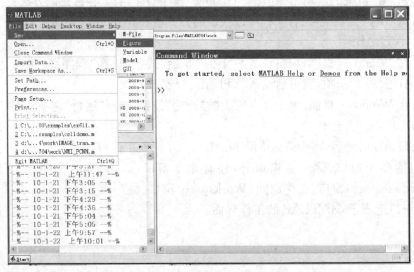

图 1.2　主窗口下的 File 菜单

第 1 章 MATLAB 概述

表 1.3 File 菜单的使用

菜单命令	功 能
New	建立新文件，包括 M 文件、图形文件、变量、模型及 GUI
Open...	打开已从在的文件
Close Command Window	关闭命令窗口
Import Data...	在工作空间生成一变量，并从指定路径或文件获取数据
Save Workspace As...	将工作空间的内容存入指定路径下的相应文件(.mat)中
Set Path...	设置搜索路径
Preferences...	系统性能参数设置，如数据格式，字体大小与颜色等
Page Setup...	命令窗口页面设置
Print...	打印命令窗口的内容
Print Selection...	打印选定的内容
Exit MATLAB	退出 MATLAB

（2）Edit 菜单：Edit 菜单包含的选项如图 1.3 所示，具体功能如表 1.4 所示。

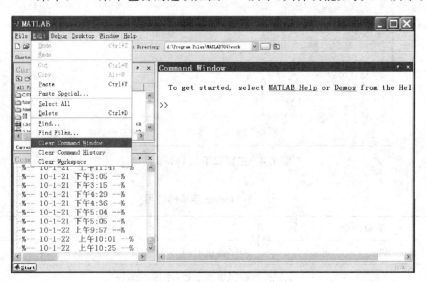

图 1.3 主窗口下的 Edit 菜单

表 1.4 Edit 菜单的使用

菜单命令	功 能
Undo、Redo	撤销、恢复
Cut、Copy	剪切、复制
Paste、Paste Special	粘贴、粘贴到指定地方

(续表)

菜单命令	功　能
Select All	选定所有内容
Delete	删除
Find	查找
Find Files	查找文件
Clear Command Window	清除命令窗口
Clear Command History	清除命令历史
Clear Workspace	清除工作空间的内容

（3）Debug 菜单：Debug 菜单包含的选项如图 1.4 所示，具体功能如表 1.5 所示。

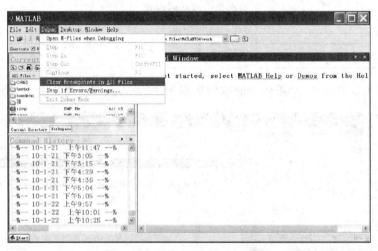

图 1.4　主窗口下的 Debug 菜单

表 1.5　Debug 菜单的使用

菜单命令	功　能
Open M-files When Debugging	程序调试时打开 M 文件
Step	程序单步运行（不进入函数）
Step In	程序单步运行（进入函数）
Step Out	停止单步运行程序
Continue	程序继续运行
Clear Breakpoints in All Files	清除所有断点
Stop if Errors/Warnings	程序执行出现错误或警告时，停止运行，进入调试状态
Exit Debug Mode	退出程序调试模式

第1章 MATLAB 概述

（4）Desktop 菜单：Desktop 菜单包含的选项如图 1.5 所示，具体功能如表 1.6 所示。

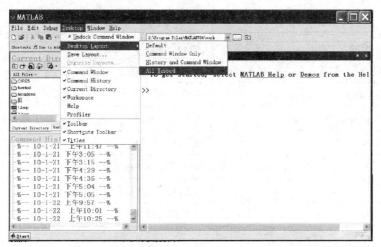

图 1.5 主窗口下的 Desktop 菜单

表 1.6 Desktop 菜单的使用

菜单命令	功　能
Undock Command Window	浮动命令窗口
Desktop Layout	桌面窗口显示方式
Save Layout	保存窗口布局
Organize Layouts	组织窗口布局
Command Window	选"√"显示命令窗口
Command History	选"√"显示命令历史窗口
Current Directory	选"√"显示当前目录窗口
Workspace	选"√"显示工作空间窗口
Help	选"√"显示帮助窗口
Profiler	选"√"显示性能剖析工具窗口
Toolbar	选"√"显示工具栏
Shortcuts Toolbar	选"√"显示快捷工具栏
Titles	选"√"显示各子窗口名称

（5）Window 菜单：应用于打开多个 MATLAB 窗口的情况，这时可以用它在各个窗口之间切换。

（6）Help 菜单：Help 菜单的内容如表 1.7 所示。

表1.7　Help菜单的使用

菜单命令	功　能
Full Product Family Help	全部产品系列帮助
MATLAB Help	MATLAB帮助
Using the Desktop	使用桌面
Using the Command Window	使用命令窗口
Web Resources	MATLAB网络资源
Check for Updates	检查更新模块版本
Demos	MATLAB演示示例
AboutMATLAB	关于MATLAB

2. 工具栏

工具栏提供了如下12个命令快捷按钮和一个当前路径列表框。

各按钮含义如下表1.8所示。

表1.8　工具栏各按钮的含义

快捷按钮	含　义
	建立新的M文件、图形、变量、Simnulink模型及GUI
	在编辑器中打开一个已有的MATLAB相关文件
	剪切、复制、粘贴
	撤销上一步操作、恢复上一步操作
	创建一个新的Simulink模块文件
	创建GUI对象
	打开MATLAB的帮助
	浏览文件夹
	返回上一个路径

1.4.3　命令窗口(Command Window)

命令窗口是用户与MATLAB系统交互的主要窗口。在该窗口中,用户可以运行函数、执行MATLAB的基本操作命令,以及对MATLAB系统的参数设置等操作。MATLAB的命令窗口不仅可以内嵌在MATLAB的用户界面中,还可以浮动在界面上,单击命令窗口上的　按钮,就可以浮动命令窗口,图1.6为浮动的命令窗口,该窗口菜单的基本功能与主窗口的相同。若希望重新将命令窗口嵌入到MATLAB的界面中,可以执行Desktop菜单下的Dock Command Window命令或者单击MATLAB命令窗口上的　按钮即可。

第1章 MATLAB 概述

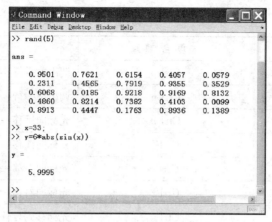

图 1.6 浮动的 MATLAB 命令窗口

一般来说,一个命令行输入一条命令,以回车键结束。但一个命令行也可以输入若干条命令,各命令之间以逗号隔开,如果各命令以分号隔开时,其执行结果不直接显示出来。例如:

x=1,y=2
x=1,y=2;

第一个命令执行后显示 x 和 y 的值;第二个命令执行后只显示 x 的值。

当一个命令行太长,一个物理行内写不下的时候,可以在第一个物理行之后加上3个小黑点(称为续行符)并按回车键,然后接着下一个物理行继续写命令的其他部分。例如:

$$w=1+1/2+1/3+1/4+1/5+1/6+1/7+1/8+\cdots$$
$$1/9+1/10+1/11+1/12+1/13$$

两个物理行是一个命令行。

● **例 1.1** 通过命令窗口计算表达式 $18+\dfrac{5\sin\dfrac{\pi}{6}}{2+\cos\dfrac{\pi}{6}}$ 的值。

解:在命令窗口的工作区直接输入:

≫ 18+(5*sin(pi/6))/(2+cos(pi/6))↙

系统将直接计算表达式的结果,并且给出答案:

ans=18.8723

注意:

(1) 这里的符号"≫"为 MATLAB 的命令行提示符。

(2) 这里的符号"↙"表示键入表达式之后按回车键。

(3) MATLAB 的数学运算符同其他的计算机高级语言(例如 C 语言)类似。

(4) 这里计算得到的结果显示为 ans,ans 是英文单词"answer"的缩写,它是 MATLAB 默认的系统变量。

用户在进入 MATLAB 以后输入的所有命令都记录在历史窗口中,在命令窗口中有许多控制键、方向键及其他键用在编辑中,具体见表 1.9 所示。

13

表1.9 MATLAB的窗口命令编辑键

按　键	复合键	功　能
↑	Ctrl-p	调出前一行
↓	Ctrl-n	调出下一行
←	Ctrl-b	光标向后移一个字符
→	Ctrl-f	光标向前移一个字符
Ctrl-←	Ctrl-l	光标向左移一个字
Ctrl-→	Ctrl-r	光标向右移一个字
Home	Ctrl-a	光标移到行首
End	Ctrl-e	光标移到行末
Esc	Ctrl-u	清除本行
Del	Ctrl-d	删除光标处的字符
Backspace	Ctrl-h	删除光标前的字符
	Ctrl-k	删除至行末

1.4.4　工作空间(Workspace)窗口

工作空间是MATLAB用于存储各种变量和结果的内存空间。工作空间窗口是MATLAB集成环境的重要组成部分,它与MATLAB的命令窗口一样,不仅可以内嵌在MATLAB的工作界面上,还可以以独立窗口形式浮动在界面上,浮动的工作空间如图1.7所示,该窗口可以显示工作空间的所有变量名称、取值大小和变量类型说明,还可以对变量进行观察、编辑、保存和删除等操作。

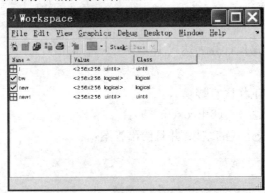

图1.7　浮动的工作空间窗口

1.4.5　当前目录(Current Directory)窗口和搜索路径

1. 当前目录窗口

MATLAB加载任何文件或执行任何命令都是从当前的工作路径下开始的,所以MATLAB也提供了当前目录窗口(也称为路径浏览器)——Current Directory。该工具

第1章 MATLAB 概述

的界面在默认情况下位于 MATLAB 界面的左上方,在工作空间窗口的下面,可以单击 Current Directory 标签切换界面。和其他的桌面工具类似,当前目录窗口也可以浮动在所有窗口上方,也可以像默认的状态那样内嵌在桌面工具中,浮动的窗口如图 1.8 所示。

图 1.8 浮动的当前目录窗口

当前目录窗口主要的作用是帮助用户组织管理当前路径下的所有文件,特别是 MATLAB 文件。通过该工具能够运行、编辑相应的 MATLAB 文件,加载 MAT 数据文件等,这些操作都可以通过相应的右键快捷菜单完成。当前目录窗口的快捷菜单命令虽多,但是功能一目了然,这里就不再赘述了。如果不清楚则请大家查看相应的帮助文档,或者直接使用菜单命令查看运行的效果。

当前目录窗口也可以通过相应的属性设置对话框设置外观等属性,执行 MATLAB 图形用户界面中 File 菜单下的 Preferences 命令,弹出的对话框如图 1.9 所示。

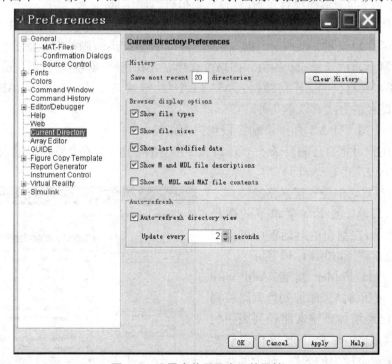

图 1.9 设置当前目录窗口的属性

在对话框中可以设置有关当前目录窗口的属性,其中比较重要的就是 History 栏目,这里主要设置在 MATLAB 界面中 Current Directory 下拉框中显示的路径个数,默认的数值为 20 个。Current Directory 下拉框能够将最近访问过的 20 个路径信息保存起来,便于用户快速地回访到那些已经访问过的路径。有些时候发生了路径的变化,或者不需要保留这些路径信息时,则可以单击"Clear History"按钮,将该下拉框中的路径信息删除,删除后,仅保留当前的工作路径。

用户可以利用 cd 命令自己设置当前目录。例如,用户将目录 d:\mydir 设置为当前目录,可以在命令窗口输入命令:

cd d:\mydir

2. MATLAB 的搜索路径

如前所述,MATLAB 的文件是通过不同的路径来进行组织管理的,为了避免执行不同路径下的 MATLAB 文件而不断切换不同的路径,MATLAB 提供了搜索路径机制来完成对文件的组织和管理。所有的 MATLAB 文件都被保存在不同的路径中,那么将这些路径按照一定的次序组织起来,就构成了搜索路径。当执行某个 MATLAB 命令时,系统将按照以下的顺序搜索该命令:

(1)判断该命令是否为变量。
(2)判断该命令是否为内部的函数。
(3)检查该命令是否在当前的路径下的 M 文件。
(4)从搜索路径中依次搜索该文件直到找到第一个符合要求的函数文件为止。
(5)若上述的搜索都没有找到该命令,则报告错误信息。

例如,用户在 MATLAB 系统中已经建立了 dsp 的变量,同时在当前目录下也建立了一个 dsp.m 的 M 文件。此时,当用户在命令窗口中输入 dsp,则按照上面介绍的搜索过程,会在屏幕上显示变量 dsp 的值。如果没有建立 dsp 变量,则会执行 dsp.m 文件。

用户可以将自己的工作目录列入 MATLAB 的搜索路径,便于 MATLAB 系统统一管理,设置路径的方法有以下几种:

(1)通过 MATLAB 的 path 命令设置搜索路径

例如,用户可将自己的目录 d:\mydir 加到搜索路径下,可在命令窗口输入命令:

path(path, 'd:\mydir')

(2)通过对话框设置搜索路径

在 MATLAB 的 File 菜单下的选择 Set Path 指令,在弹出的对话框中可以设置相应的搜索路径(如图 1.10 所示)。

通过 Add Folder 或者 Add with Subfolders 按钮将路径添加到搜索路径列表中,对于已经添加到搜索路径列表中的路径可以通过 Move to Top 等按钮修改该路径在搜索路径中的顺序,对于那些不需要出现在搜索路径中的内容,可以通过 Remove 按钮将其从搜索路径列表中

图 1.10 MATLAB 的搜索路径设置对话框

删除。

在修改完搜索路径之后,则需要保存搜索路径,这时单击对话框中的 Save 按钮就可以完成该工作。单击 Save 按钮时,系统将所有搜索路径的信息保存在一个 M 文件中——pathdef.m,有兴趣的读者可以察看该文件的内容,通过修改该文件也可以修改搜索路径。有关搜索路径的详细信息请参阅 MATLAB 的帮助文档。

1.4.6 命令历史记录(Command History)窗口

在默认的 MATLAB 界面中,命令行历史窗口总是在 MATLAB 界面的左下角,这和命令行窗口类似,命令行历史窗口也可以浮动出来,单击命令行历史窗口界面上 ↗ 按钮,就可以浮动该窗口(如图 1.11 所示)。同样,通过 Desktop 菜单下的 Dock Command History 指令或者命令行历史窗口界面上的 ↘ 按钮,可以将命令行历史窗口内嵌回 MATLAB 的界面中。

在命令行历史窗口中主要记录了在 MATLAB 命令行窗口中键入的所有指令,一般包括每次启动 MATLAB 的时间,以及每次启动 MATLAB 之后键入的所有 MATLAB 指令。这些指令不但可以清楚地记录在命令行历史窗口中,而且还可以被再次执行,它们不仅能够被复制到 MATLAB 的命令行窗口中,而且还可以通过这些指令的记录直接创建 M 文件,这些功能都可以通过命令行历史窗口的快捷菜单方便地完成,如图 1.12 所示,其指令说明如表 1.10。

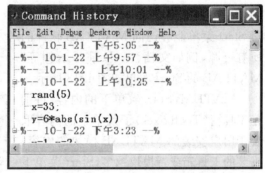

图 1.11 浮动的命令历史记录窗口

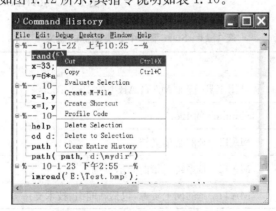

图 1.12 命令行历史的快捷菜单

表 1.10 命令历史记录窗口快捷菜单说明

快捷命令	含 义
Cut、Copy	剪切、拷贝当前选中的指令,可以将指令粘贴到其他的应用程序窗口中
Evaluate Selection	执行当前选中的指令

(续表)

快捷命令	含义
Create M-File	把当前选中的指令创建一个新的 M 文件，文件的内容就是选中的所有指令
Create Shortcut	用当前选中的命令创建 MATLAB 快捷方式
Profile Code	剖析代码，如执行的是 M 文件，则利用 MATLAB Profiler 分析代码
Delete Selection	从命令行历史窗口中删除当前选中的指令
Delete to Selection	将当前选中指令之前的所有历史记录指令从命令行历史窗口中删除
Delete Entire History	删除命令行历史窗口中所有的指令

1.4.7 Start 菜单

从 MATLAB 6.5 版本开始 MATLAB 的图形用户界面中增加了 Start 菜单，通过 Start 菜单能够访问 MATLAB 软件的所有资源，例如文档、工具、演示示例等。MATLAB 的 Start 菜单如图 1.13 所示。

MATLAB Start 菜单下的内容，特别是工具箱（Toolboxes）子菜单下的内容取决于用户安装的 MATLAB 模块的内容，安装的工具箱或者模块越多，Start 菜单下的内容就越丰富。在 Start 菜单上主要有 5 类图标，它们的意义分别如下表 1.11 所示：

图 1.13　MATLAB 的 Start 菜单

表 1.11　Start 菜单中 5 类图标的意义

图标	意义
	可用工具，例如 MATLAB 中的 Plot Tools
	Simulink 的 Blocksets
	MATLAB 的帮助文档
	MATLAB 系统自带的演示示例
	MATLAB 的网上资源，包括新闻组、技术支持等

1.5　MATLAB 的帮助系统

由于 MATLAB 和相应的工具箱包含了上万个不同的指令，每个指令函数对应着一种不同的操作或算法，没有任何人能够将这些指令都清楚的记忆在脑海中，对于任何使用 MATLAB 的用户来说，都必须学会使用 MATLAB 的帮助系统，并且 MATLAB 的帮

第 1 章 MATLAB 概述

助系统是针对 MATLAB 应用的最好教科书,讲解清晰透彻。所以养成良好使用 MATLAB 帮助系统的习惯,对于使用 MATLAB 的用户来说是很有必要的。

MATLAB 的帮助系统分为在线帮助和窗口帮助两部分。

1.5.1 常用操作帮助的函数

MATLAB 提供了一些函数用于显示帮助文档和打开帮助浏览器,在表格 1.12 中进行了总结。

表 1.12 帮助函数

函 数	说 明
help	在 MATLAB 命令行中显示在线帮助
helpwin	在帮助浏览器中显示在线帮助
helpbrowser	打开帮助浏览器,并显示超文本帮助文档
helpdesk	与函数 helpbrowser 功能一致,在早期版本的 MATLAB 中可以打开帮助界面
doc	打开帮助浏览器,并显示指定的内容
docroot	帮助文档存在的根目录
demo	打开帮助浏览器并显示 Demos 标签页
dbtype	显示 M 文件内容,同时包括文件代码行号
lookfor	搜索 H1 帮助行
web	打开帮助浏览器并显示指定的超文本链接内容

1.5.2 在线帮助

所有的 MATLAB 函数都具有自己的帮助信息,这些帮助信息都保存在相应的函数文件注释区中,这些帮助信息是由那些编写函数的工程人员在编写函数的同时添加在函数内的,所以,这些信息能够最直接地说明函数的用途,或者函数需要的一些特殊的输入参数,以及函数的返回变量等。甚至在有些函数中,将函数采用的算法也在这里加以说明。另外,在线帮助的获取需要通过具体的指令,将在线帮助显示在命令行窗口中,所以,获取在线帮助的过程也非常快捷,因此,使用 MATLAB 的用户最常用的帮助就是在线帮助。获取在线帮助的方法是使用指令 help。

● 例 1.2 获取在线帮助。

解:在 MATLAB 命令行窗口中,执行 help 指令:

≫ help

则此时在 MATLAB 命令行窗口中将显示所有帮助主题,如图 1.14 所示。

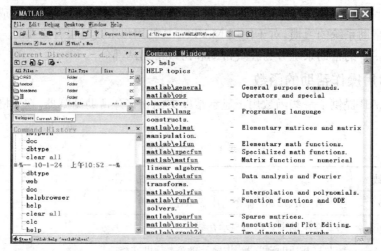

图1.14 显示MATLAB帮助主题

可以看到,所有MATLAB帮助主题都是蓝色字体具有下划线,表明这些主题都是具有超链接,单击相应的超链接,则可以在MATLAB帮助窗口中,打开相应的帮助信息文档。

如果需要获取帮助主题下的操作符和特殊字符列表,则可以键入指令,例如help ops,则在MATLAB命令行窗口中显示该帮助主题下所有操作符和特殊字符列表,如图1.15所示。

图1.15 显示帮助主题下的操作符和特殊字符列表

同样地,可以看到所有操作符和特殊字符列表也是蓝色具有下划线的字体,表明相应的操作符和特殊字符也是超链接,单击相应的超链接,则可以在帮助窗口中打开相应操作符和特殊字符的帮助文档信息。

如果需要获取具体函数的帮助,例如cos函数的在线帮助信息,则可以键入如下的指令:

>> help cos

第1章 MATLAB 概述

　　COS　Cosine of argument in radians.
　　　　COS(X) is the cosine of the elements of X.
　　　　See also acos, cosd.
　　　　　Overloaded functions or methods (ones with the same name in other directories)
　　　　　　help sym/cos. m
　　　　　Reference page in Help browser
　　　　　　doc cos

所有的 MATLAB 函数还具有一类在线帮助,叫做 H1 帮助行,这部分内容为每一个 M 语言函数文件的在线帮助的第一行,它能够被 lookfor 函数搜索查询,因此在这一行帮助中,往往是言简意赅的说明性语言,在所有的帮助中相对最重要。例如,在 MATLAB 命令行窗口中键入如下指令:

≫ lookfor title
TITLE　Graph title.
SUPTITLE puts a title above all subplots.
sqmake_fig_dirty. m：% MAKE the figure dirty depending on the title of this fig.
vqmake_fig_dirty. m：% MAKE the figure dirty depending on the title of this fig.
IDUITAL Callback for 'Title and Labels' menu item.
MBCTITLE Graph title.
ALABEL Set axis labels and title.
tabed. m：% function [mainh, evhan, allhan, pbhan] = tabed (in, titlename, colnames,…
WBOXTITL Box title for axes.
WFIGTITL Titlebar for Wavelet Toolbox figures.
WTITLE　Graph title.
…

(注：此处省略符号是为了缩减篇幅而用,在实际的 MATLAB 中,将给出全部内容)。

1.5.3　窗口帮助

　　尽管在线帮助使用起来简便、快捷,但是在线帮助能够提供的信息毕竟有限,而且并不是所有与函数有关的内容都可以用在线帮助的形式表示,比如数学公式、图形等。因此,MATLAB 还提供了内容更加丰富的帮助文档,作为 MATLAB 的用户指南出现。目前 MATLAB 的帮助文档有英文版和日文版,而在中国地区使用的 MATLAB 只有英文版的帮助文档。

　　MATLAB 的帮助文档显示在 MATLAB 的帮助窗体中,单击 MATLAB 用户界面上的按钮,将打开 MATLAB 的帮助文档界面(如图 1.16 所示)。

　　这里能够看到的 MATLAB 帮助文档是伴随 MATLAB 产品一同发布的文档光盘经过安装之后的超文本内容。界面中的 Contents 标签页罗列了所有产品帮助文档的目录,单击这些目录以及目录下面的文章标题,就可以在右边的窗体中具体浏览帮助信息。除此之外,还具有下面几个标签页：①Index：关键字索引查询。②Search Results：关键字全

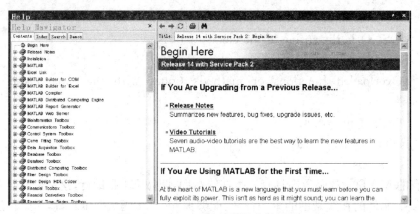

图 1.16　MATLAB 的帮助文档界面

文搜索结果显示。③Demos：MATLAB 演示示例。

以上标签页中,用户使用频率最高的就是 Contents 页,一般来说,学习 MATLAB 不可避免地需要阅读器帮助文档,而直接阅读帮助文档是最直接最有效的学习 MATLAB 的方法。

另外,使用频率较高的就是 Demo 页了,MATLAB 为每一个工具箱或者模块都设计了很多演示示例,通过这些例子学习 MATLAB 往往能够起到事半功倍的效果(如图 1.17 所示)。这些演示程序的作用非常独特,往往连帮助文档都无法替代其功用。所以,对于初学者来说,在阅读帮助文档的基础上,多研习 MATLAB 的 Demo 是学习 MATLAB 的最佳方法。

图 1.17　MATLAB 帮助浏览器的 Demo 页

MATLAB 的帮助文档除了超文本格式的以外,还具有 PDF 格式的帮助文档,这些帮助文档与 MATLAB 的产品手册(纸版)一一对应,甚至在新版的 MATLAB 中,PDF 文件格式的帮助文档内容要多于超文本格式的文档,更是多于纸版的手册。所以,在必要的情况下,可以将部分 PDF 格式的文档打印出来,作为手册保存。

尽管 MATLAB 的帮助文档比较翔实、规范,用户在使用 MATLAB 的过程中,不可避免地还是会遇到一些问题,这个时候可以使用 MATLAB 的网上资源。利用 MATLAB 图形用户界面上的 Web 菜单下的指令可以直接访问 MATLAB 的网上资源,

第1章 MATLAB 概述

访问 MATLAB 的网上资源需要通过 Help 菜单下的相应命令来实现(如图 1.18 所示)。

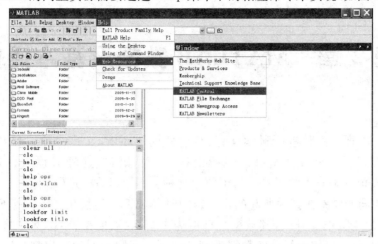

图 1.18 MATLAB 网络资源

在所有的 MathWorks 公司提供的网上资源中，推荐读者经常登陆 MATLAB Central，在该网站上不仅可以查阅 MATLAB 的实用信息，在新闻组中提问，还可以通过 File Exchange 的功能，从网站上下载大量的用户实例，这些例子要比 MATLAB 自带的 Demo 更新颖，更贴近实际的工程。

其实 MATLAB 在互联网上的资源非常丰富，不仅在 MathWorks 公司的主页 (http://www.mathworks.com)上可以找到很多有用的信息，在国内的网站上也有一定规模的信息资源，例如中国仿真互动网（www.sinwe.com）等。另外，还可以向 MathWorks 公司的技术人员通过 E-mail 进行技术问题的询问，不过在询问问题的同时需要提供用户产品的信息，即可以在 MATLAB 命令行窗体中键入 ver 指令，然后将出现在命令行窗体中的 MATLAB License Number 内容提供给 MathWorks 公司即可。

习题

1. 与其他计算机语言相比较，MATLAB 语言突出的特点是什么？
2. MATLAB 系统由哪些部分组成？
3. MATLAB 操作桌面有几个窗口？如何使某个窗口脱离桌面成为独立窗口？又如何将脱离出去的窗口重新放置到桌面上？
4. 如何启动 M 文件编辑/调试器？
5. 存储在工作空间中的数组能编辑吗？如何操作？
6. 命令历史窗口除了可以观察前面键入的命令外，还有什么用途？
7. 如何设置当前目录和搜索路径，在当前目录上的文件和在搜索路径上的文件有什么区别？
8. 在 MATLAB 中有几种获得帮助的途径？
9. 利用 MATLAB 的帮助功能分别查找 inv、plot、max、round 等函数的功能及用法。

第 2 章　MATLAB 数据及基本操作

MATLAB 既是一种进行科学计算、数据处理的环境，又是一种编程开发的环境。MATLAB 提供了一种计算机高级编程语言——M 语言，这种编程语言是用来扩展 MATLAB 功能的强有力的工具。为了使用这种编程语言，必须了解该语言的基本组成要素，以及不同的要素在其中所起的作用。同时，MATLAB 提供了不同类型的数据，且随着 MATLAB 版本的升级，其数据类型更为丰富，除数值型、字符型等基本数据类型外，还有结构、单元等较为复杂的数据类型。但这些不同类型的数据都是以矩阵形式存在的，所以矩阵式 MATLAB 最基本的数据对象。

2.1　MATLAB 的数据类型

MATLAB 语言主要由几个基本要素构建而成，其中包括变量、预定义变量、数值、运算符及一些标点等，这些基本要素的组合实现了 MATLAB 语言强大的功能，在以后的内容中将会分别进行详细的叙述。

正如 MATLAB 的名字——"矩阵实验室"的含义一样，MATLAB 是由早期专门用于矩阵运算的科技软件发展而来。矩阵是 MATLAB 最基本、最重要的数据对象，MATLAB 的大部分运算或命令都是在矩阵运算的意义下执行的，而且这种运算定义在复数域上。

因为向量可以看成是仅有一行或一列的矩阵，单个数据（标量）可以看成是仅含一个元素的矩阵，故向量和单个数据都可以作为矩阵的特例来处理。

MATLAB 的早期版本只有非常简单的二维数组和字符类型的数据，目前的 MATLAB 版本中不仅有多达十几种的基本数据类型，在不同的专业工具箱中还有特殊的数据类型，并且 MATLAB 还支持面向对象的编程技术，支持用户自定义的数据类型。但 MATLAB 支持的基本数据类型主要有以下几种：

（1）数值型数据：MATLAB 中最常用的一种数据类型。一般情况下为双精度型，数占 64 位（8 个字节），用 double 函数实现转换；此外，还有单精度数，占 32 位（4 个字节），用 single 函数实现转换；还有带符号整数和无符号整数，其转换函数有 int8、int16、int32、uint8、uint16、uint32，每一函数名后面的数字表示相应数据类型数据所占位数，其含义不难理解。

（2）字符串型数据：在 MATLAB 中用 char 函数实现转换。

（3）结构体（Structure）和单元（cell）型数据：在实际应用中，有时需要将不同类型的数据构成矩阵的元素，为此 MATLAB 提供了结构体（Structure）和单元（cell）数据类型。

（4）逻辑型数据：在 MATLAB 程序设计语言中，这也是一类很重要的数据类型。在

MATLAB 中,以数值 1(非 0)表示"真",以数值 0 表示"假",这一点和 C 语言的规则是一样的。

另外,还有一些诸如具有内嵌对象的函数句柄数据及 Java 对象形式等不同的数据类型。

2.2 变量及其操作

2.2.1 变量与变量赋值

1. 变量命名

变量代表一个或若干个内存单元,为了对变量所对应的存储单元进行访问,需要给变量命名,变量的命名应遵循以下规则:

(1) 变量名是以字母开头,后接字母、数字或下划线的字符序列,字母间不能留有空格,也不能使用标点。例如,T~wlyxxxyl23、TSNC-wlx、tsncrnyexmnpl23 这些均为合法的变量名,而 123tsnc~dxx、-wltsncl2 为非法的变量名。

(2) 变量名区分字母的大小写。例如,TSNC-wlx、TSNC-WLX 和 tsnc-wlx 表示 3 个不同的变量。

(3) 在 MATLAB 7.0 以后的版本中,变量名最多为 63 个字符,第 63 个字符之后将被 MATLAB 语言忽略。

值得注意的是,MATLAB 提供的标准函数名以及命令名必须用小写字母。例如,对向量 X 的元素排序用 sort(X),不能写成 Sort(X) 或 SORT(X),否则会出错。

2. 赋值语句

MATLAB 的赋值语句有两种格式:

(1) 变量=表达式

(2) 表达式

其中表达式是用运算符将有关运算量连接起来的式子,其结果是一个矩阵。在第一种语句形式下,MATLAB 将右边表达式的值赋给左边的变量,而在第二种语句形式下,将表达式的值赋给 MATLAB 的预定义变量 ans。

一般的,运算结果在命令窗口中显示出来。如果在语句的最后加分号,那么 MATLAB 仅执行赋值操作,不再显示运算的结果。如果运算的结果是一个很大的矩阵或根本不需要运算的结果,则可以在语句的最后加上分号。

与常规的程序设计语言不同的是,MATLAB 语言在使用变量时,并不要求事先对所使用的变量进行声明(Variable Declaration),也不需要指定变量类型,MATLAB 语言会自动依据所赋予变量的值或对变量所进行的操作来识别变量的类型和分配储存空间。在赋值过程中如果赋值变量已存在时,MATLAB 语言将使用新值代替旧值,并以新值的类型代替旧值类型。

MATLAB 的变量分为字符变量和数值变量两种,字符变量必须用单引号括起来。例如,用户可输入:

≫ a='happy new year'

则表示将字符串'happy new year'赋给字符变量 a。

若用户输入：

>> b=486

则表示将数值486赋给变量 b。

在MATLAB语句后面可以加上注释,用于解释或说明语句的含义,对语句处理结果不产生任何影响。注释以%开头,后面是注释的内容。

例 2.1 计算表达式 $\sqrt{12}+\dfrac{2\cos33°+\sin56°}{6+\tan27°}$ 的值,并将结果赋给变量 W,然后显示出结果。

解：在MATLAB命令窗口输入命令：

>> W=sqrt(12)+(2*cos(33*pi/180)+sin(56*pi/180))/(6+tan(27*pi/180))   %计算表达式的值

其中pi是MATLAB的预定义变量,代表圆周率。

输出结果为：

W=3.8491

3. 预定义变量

在MATLAB工作空间中,还保留了一些由系统本身定义的固定变量。除前面介绍过的pi外,还有一些常用的预定义变量,具体见表2.1。

表 2.1 常用的预定义变量及其含义

预定义变量	含　义
ans	计算结果的默认赋值变量
eps	机器零阈值,浮点运算的相对精度
pi	圆周率 π
i,j	虚数单位 $\sqrt{-1}$
InF,inf	无穷大 ∞,如 1/0 的结果
NaN,nan	非数,如 0/0 或 inf/inf 的结果
nargin	函数输入参数个数
nargout	函数输出参数个数
realmax	最大正实数
realmin	最小正实数
lasterr	存放最新的错误信息
lastwarn	存放最新的警告信息

MATLAB预定义变量有特定的含义,用户在使用时应尽量避免对这些变量重新赋值。以i,j为例,在MATLAB中,i,j代表虚数单位,如果给i,j重新赋值,就会覆盖掉原来虚数单位的定义,这时可能会导致一些很隐蔽的错误。例如,由于习惯的原因,程序中通常使用i,j作为循环变量,这时如果有复数运算就会导致错误。因此不要用i,j作为循

环变量名,除非确认在程序的作用域内不会和复数打交道;或者使用像 4+3i 这样的复数记法,而不用 4+3*i。也可以在使用 i 作为循环变量时,换用 j 表示复数。

2.2.2 变量的管理

1. 内存变量的显示与删除

(1) 内存变量的显示:MATLAB 工作空间中驻留变量名用 who 和 whos 这两个命令显示。但 whos 在给出驻留变量名的同时,还给出它们的维数、所占字节数以及变量的类型。下面的例子说明了 who 和 whos 命令的区别。

```
>> who
Your variables are:
    a b c d x y z
>> whos
```

Name	Size	Bytes	Class
a	3×3	72	double array
b	6×6	192	double array
c	512×512	2097152	double array
d	1×100	800	double array
x	1×1	8	double array
y	1×1	8	double array
z	1×1	8	double array

Grand total is 262292elements using 2098336 bytes

(2) 内存变量的删除:clear 命令用于删除 MATLAB 工作空间中的变量。其格式为:clear 变量名,如果要删除所有变量则用 clear all 就行,但预定义变量不能被删除。

MATLAB 工作空间窗口专门用于内存变量的管理。在工作空间窗口中可以显示所有内存变量的属性。当选中某些变量后,再单击工作空间窗口工具栏中的 Delete 按钮,就能删除这些变量。当选中某些变量后,再双击(或单击 Open Selection 按钮)就可以进入图 2.1 所示变量编辑器。通过变量编辑器可以直接观察变量中的具体元素,也可修改变量中的具体元素。

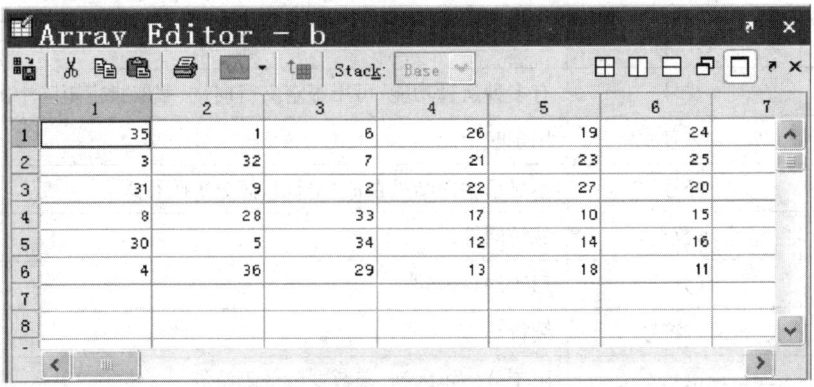

图 2.1 变量编辑器

2. 内存变量的存储与调用

（1）MATLAB可以通过计算机文件来保存或加载数据。选择工作空间中File菜单项的子菜单项Save Workspace As…，可弹出一个标准的对话框，来保存所有当前变量。类似的，File的Import Data…菜单下打开一个对话框，可加载保存在工作空间的变量，加载MATLAB工作空间中已有的同名变量将会把变量的值改为从文件中加载的值。

（2）除了菜单操作外，还可以直接在工作窗口中输入命令。键入save命令，则将工作空间中所有的变量存入到磁盘上MATLAB.MAT文件中，当MATLAB重新运行时，键入load命令，则将这些变量从文件中调出并重新装入MATLAB工作空间。

save和load命令的后面也可以跟文件名和指定的变量名。若仅使用save和load命令，则只能将所有变量存入到MATLAB.MAT文件中和从MATLAB.MAT文件中将所有变量重新装入工作空间，而加上文件名和指定的变量名后可实现好几种功能，常用格式为：

◆ save 文件名 [变量名表] [-ascii]
◆ load 文件名 [变量名表] [-ascii]

例如：

◆ save sy 将当前所有变量存入到sy.mat文件中。
◆ load sy 将所存入的变量从文件调出来，放入当前的工作空间中。

欲存入指定的变量到某个文件中，可使用以下命令：

◆ save sy x 仅存入变量 x 到sy.mat文件中。
◆ save sy x y z 仅存入变量 x,y,z 到sy.mat文件中。
◆ save sy x y z-ascii 以8位ASCII格式将变量 x,y,z 存入到sy文件中。

save,load命令也可以存入/读入ASCII格式文件。注意ASCII格式文件没有扩展名MAT。

2.2.3 MATLAB中的标点

在MATLAB语言中一些标点符号也被赋予特殊的意义，或表示一定的运算，具体见表2.2。

表2.2 MATLAB语言中的标点

运算符	名 称	说 明
:	冒号	有多种运算功能，可用于定义行向量、截取指定矩阵中的部分
=	等号	用于赋值
;	分号	不显示中间结果在命令窗口、区分矩阵行等
.	小数点	域访问等
%	百分号	用于注释语句
…	续行符号	续行
,	逗号	用于分隔矩阵列、函数参数分隔符等
'	单引号	字符串的标志符，或表示矩阵的转置运算及复数的共轭值等

(续表)

运算符	名 称	说 明
!	感叹号	不脱离 MATLAB 环境的情况下直接调用操作系统运算
[ ]	方括号	用于创建和表示矩阵
( )	圆括号	用于函数调用和指定运算顺序
{ }	大括号	用于构成单元数据等

2.2.4 数据的输出格式

MATLAB 用十进制数表示一个常数,具体可采用日常记数法和科学记数法两种表示方法。如 3.1875、$-7.359i$、$4+8i$ 等是采用日常记数法表示的常数,它们与通常的数学表示一样。又如 $2.8802e2$、$7.852E2i$、$4321e-3+9i$ 等是采用科学记数法表示的常数,在这里用字母 e 或 E 表示以 10 为底的指数。

一般情况下,在 MATLAB 内部每一个数据元素都是用双精度数来表示和存储的。数据输出时用户可以用 format 命令设置或改变数据输出格式。format 命令的格式为:

◆ format 格式符

其中格式符决定数据的输出格式,各种格式符及其含义见表 2.3。注意,format 命令只影响数据的输出格式,而不影响数据的计算和存储。

表 2.3 控制数据输出格式的格式符及其含义

格式符	含 义
short	输出小数点后 4 位,最多不超过 7 位有效数字。对于大于 1 000 的实数,用 5 位有效数字的科学记数形式输出
long	15 位有效数字形式输出
short e	5 位有效数字的科学记数形式输出
long e	15 位有效数字的科学记数形式输出
short g	从 short 和 short e 中自动选择最佳输出方式
long g	从 long 和 long e 中自动选择最佳输出方式
rat	近似有理数表示
hex	十六进制表示
+	正数、负数、零分别用+、-、空格表示
bank	银行格式,元、角、分表示
compact	输出变量之间没有空行
loose	输出变量之间有空行

如果输出矩阵的每个元素都是纯整数,MATLAB 就用不加小数点的纯整数格式显示结果。只要矩阵中有一个元素不是纯整数,MATLAB 将按当前的输出格式显示计算结果。默认的输出格式是 short 格式。作为一个例子,假定输入为:

x=[4/3 1.2345e-6]

那么,在各种不同的格式符下的输出为:

短格式(short):1.3333　0.0000

短格式 e 方式(short e)：1.333+001.2345e-06

长格式(long):1.33333333333333　0.00000123450000

长格式 e 方式(10ng e):1.33333333333333e+00 1.234500 000000000e-06

银行格式(bank):1.33　0.00

十六进制格式(hex):3ff5555555555 3eb46231abfd271

+格式(+):++

2.3　MATLAB 矩阵基础

矩阵是 MATLAB 进行数据处理和运算的基本元素,MATLAB 的大部分运算或命令都是在矩阵运算的意义下进行的。通常意义上的数量(标量)在 MATLAB 系统中是作 1×1 的矩阵来处理的,而仅有一行或一列的矩阵在 MATLAB 中称为向量,n 维矢量可以看成 $n\times1$ 的矩阵,多项式可以由它的系数矩阵完全确定。

2.3.1　矩阵的创建与保存

在 MATLAB 中,矩阵和数组的输入形式和书写方法是相同的,都是一些数的集合,如 a=[1 2 3;4 5 6]等,其区别仅仅在于进行运算时,数组的运算是数组中对应元素的运算,而矩阵运算则应符合矩阵运算的规则。本节将详细介绍矩阵和数组的创建及其运算方法。

在 MATLAB 中创建矩阵应遵循以下原则:

(1) 矩阵的元素必须在方括号"[ ]"中;

(2) 矩阵的同行元素之间用空格或逗号","分隔;

(3) 矩阵的行与行之间用分号";"或回车符分隔;

(4) 矩阵的尺寸不必预先定义;

(5) 矩阵元素可以是数值、变量、表达式或函数。

在 MATLAB 中,矩阵的创建有四种方法,分别介绍如下。

1. 直接输入法建立矩阵

遵循矩阵创建的原则,直接在命令窗口输入矩阵是最方便简洁的矩阵创建方法。如果不希望显示结果,在命令行的最后加分号";",对于简单且维数较小的矩阵从键盘直接输入是最佳方法。

例 2.2　在命令窗口创建简单的数值矩阵。

解:方法一:在命令窗口输入

≫ A=[1 2 3;4 5 6;7 8 9]　　　　% 注意[ ]的使用,建立 3×3 的矩阵 A
　A=　　　　　　　　　　　　　% 显示矩阵 A 的内容
　　　1　　2　　3
　　　4　　5　　6

第 2 章 MATLAB 数据及基本操作

```
        7    8    9
```
方法二：在命令窗口输入
```
≫ A=[1 2 3
     4 5 6
     7 8 9]
  A=
     1    2    3
     4    5    6
     7    8    9
```

在上例中，MATLAB 使用方括号 [ ]，来建立一个矩阵 [1 2 3;4 5 6;7 8 9]，将其储存在矩阵 A 中。注意，A=[1 2 3;4 5 6;7 8 9] 与 A=[1,2,3;4,5,6;7,8,9] 一样。

2. 通过 M 文件创建矩阵

矩阵的尺寸较大时，直接在命令窗口输入矩阵元素容易出现错误且不便修改。因此，可以先将矩阵按创建原则写入一个 M 文件中，在 MATLAB 的命令窗口或程序中直接执行该 M 文件，即将矩阵调入工作空间。

3. 利用 MATLAB 函数创建矩阵

对于一些特殊的矩阵，可以利用 MATLAB 的内部函数或用户自定义函数创建矩阵。

例 2.3 创建 $0 \sim 2\pi$ 间的余弦函数矩阵。

解：三角函数运算中，x 应为弧度，在命令窗口输入：
```
≫ x=0：pi/8：2*pi；    %表示创建了 0～2π 间间隔为 π/8 的自变量
≫ y=cos(x)             %得到了 0～2π 间间隔为 π/8 的余弦函数值
```

MATLAB 为用户提供了创建基本矩阵的函数：

(1) ones 函数：用于产生全为 1 的矩阵，ones(n) 产生 ($n \times n$) 维的全 1 阵，ones(m,n) 产生 m 行 n 列的全 1 阵。

例 2.4 在命令窗口创建全 1 矩阵。

解：在命令窗口输入语句
```
≫ B=ones(3,5)
  B=
     1    1    1    1    1
     1    1    1    1    1
     1    1    1    1    1
```

(2) zeros 函数：用于产生全为 0 的矩阵，zeros(n) 产生 ($n \times n$) 维的全 0 阵，zeros(m,n) 产生 m 行 n 列的全 0 阵。

例 2.5 在命令窗口创建全 0 矩阵。

解：在命令窗口输入语句
```
≫ zeros(3)
  ans=
```

```
        0      0      0
        0      0      0
        0      0      0
```

(3) rand 函数:用于产生[0,1]区间均匀分布的随机阵,rand(n)产生($n \times n$)维的随机阵,zeros(m,n)产生 m 行 n 列的随机阵。

● 例 2.6 在命令窗口创建[0,1]区间均匀分布的随机阵。

解:在命令窗口输入语句

```
≫ C=rand(3,4)          %产生 3×4 区间均匀分布的随机阵,数值范围 0~1
  C=
     0.9501   0.4860   0.4565   0.4447
     0.2311   0.8913   0.0185   0.6154
     0.6068   0.7621   0.8214   0.7919
```

(4) randn 函数:用于产生正态分布的矩阵,randn(n)产生($n \times n$)维的正态阵,randn(m,n)产生 m 行 n 列的正态阵。

● 例 2.7 在命令窗口创建正态分布的矩阵。

解:在命令窗口输入语句

```
≫ D=randn(2,3)         % 产生 2×3 的随机矩阵,数值服从正态分布
  D=
    -0.4326   0.1253  -1.1465
    -1.6656   0.2877   1.1909
```

(5) eye 函数:用于产生单位阵,eye(n)产生($n \times n$)维的单位阵。

● 例 2.8 在命令窗口创建单位阵。

解:在命令窗口输入

```
≫ eye(3)               % 产生 n 阶(n=3)单位矩阵
  ans=
     1   0   0
     0   1   0
     0   0   1
```

(6) magic 函数:用于产生 $n \times n$ 维的魔方矩阵,其各列、各行及两对角线的元素值总和相等。

● 例 2.9 在命令窗口创建魔方阵。

解:在命令窗口输入

```
≫ M=magic(4)           %产生 n 阶(n=4)魔方矩阵
  M=
    16    2    3   13
     5   11   10    8
     9    7    6   12
     4   14   15    1
```

(7) toeplitz 函数：用于产生特普利茨（Toeplitz）矩阵，toeplitz（x,y）产生一个以 x 为第一列，y 为第一行的特普利茨矩阵，这里 x,y 均为向量。其特点是矩阵除第一行和第一列外，其他每个元素都与左上角的元素相同。

● **例 2.10** 在命令窗口创建 Toeplitz 矩阵。

解：在命令窗口输入

≫ T=toeplitz(1∶5,1∶6)   %产生以[1 2 3 4 5]为列，[1 2 3 4 5 6]为行的 Toeplitz 矩阵

T=

1	2	3	4	5	6
2	1	2	3	4	5
3	2	1	2	3	4
4	3	2	1	2	3
5	4	3	2	1	2

(8) hilb 函数：用于产生希尔伯特（Hilbert）矩阵，hilb（n）产生 $n\times n$ 的 Hilbert 矩阵，其中矩阵的每个元素为 $h_{ij}=\dfrac{1}{i+j-1}$。

● **例 2.11** 在命令窗口创建 Hilbert 矩阵。

解：在命令窗口输入

≫ H=hilb(4)

H=

1.0000	0.5000	0.3333	0.2500
0.5000	0.3333	0.2500	0.2000
0.3333	0.2500	0.2000	0.1667
0.2500	0.2000	0.1667	0.1429

此外，还可以利用 vander 函数、compan 函数以及 pascal 函数来产生范德蒙（Vandermonde）矩阵、伴随矩阵及帕斯卡（Pascal）矩阵，具体的使用及其性质用户可参阅相关文献。

4. 利用外部数据文件创建、保存、装载矩阵

MATLAB 可以处理的数据格式很多，例如，常用的由记事本编辑器编写的数据文件 .txt、MATLAB 的数据文件. Mat、Excel 的数据表. xls 文件、以 ASCII 码的格式提供的数据文件等。此外，MATLAB 还可以处理大多数图像文件和声音文件。在工作空间中，这些文件都是作为矩阵存储的。

MATLAB 可以在命令窗口中或通过编制程序调入各种文件，同时还可以通过数据导入向导(Import Wizard)调入各种数据。

2.3.2 向量的生成和运算

在 MATLAB 系统中，仅有一行或一列的矩阵称为向量。向量是矩阵的一种特例，前面所介绍的有关矩阵的创建及保存的所有方法完全适用于向量。向量是 MATLAB 的重要概念之一，它在利用 MATLAB 进行信号的表示和处理中发挥着重要的作用。

1. 向量的生成

MATLAB中,有多种方法可以生成向量,除利用前面已介绍过的创建矩阵的方法来生成向量外,这有以下几种常用方法。

(1) 利用冒号:运算符生成向量

冒号运算用于生成等步长(均匀等分)的行向量,其语句格式有以下两种:

◆ a=e1:e3

◆ a=e1:e2:e3

第一种格式用于生成默认步长值为1的均匀等分向量,其中e1、e3为标量(数量),分别代表向量的起始值和终止值,且e3>e1;第二种格式用于生成步长值为e2的均匀等分的行向量,其中e1、e3为标量(数量),分别代表向量的起始值和终止值,e2代表向量元素之间步长值,且e3>e1。

例 2.12 分别生成默认步长和给定步长的向量。

解: (1) 在命令窗口输入

```
>> a=5:15
```

将生成从5起始到15为止,步长值为1的行向量,并赋值给变量 a,运行结果为:

```
a =
    5    6    7    8    9   10   11   12   13   14   15
```

(2) 在命令窗口输入

```
>> b=1:0.2:4
```

将生成从1起始到4为止,步长值为0.2的行向量,并赋值给变量 b,运行结果为:

```
b =
  Columns 1 through 8
    1.0000   1.2000   1.4000   1.6000   1.8000   2.0000   2.2000   2.4000
  Columns 9 through 16
    2.6000   2.8000   3.0000   3.2000   3.4000   3.6000   3.8000   4.0000
```

(2) 利用 linspace 函数生成向量

linspace 函数用于生成线性等分向量,其运算规律与冒号运算十分相似,所不同的是该函数除了要给出向量的起始值、终止值以外,不需要给出步长值,但要给出向量元素的个数,其调用格式如下:

◆ linspace(e1,e3)

◆ linspace(e1,e3,p)

第一种格式生成从起始值e1开始到终止值e3之间的线性等分的100个元素的行向量。第二种格式生成从起始值e1开始到终止值e3之间的p个的线性等分点的行向量。

例如:

```
>> linspace(1,15,10)
    ans =
  Columns 1 through 8
    1.0000   2.5556   4.1111   5.6667   7.2222   8.7778  10.3333  11.8889
```

Columns 9 through 10

13.4444　15.0000

2. 向量运算

MATLAB中有一些函数是针对向量元素的统计分析而设计的,例如max(求向量的极大值)、std(求向量元素的标准差)等。

这些函数都是针对向量的分析与运算设计的。无论输入时是行向量还是列向量,都可以进行操作运算。如果输入为矩阵时,这些函数将输入矩阵看成是列向量的集合,并对列向量进行计算。

● **例 2.13** 利用sort命令对给定的向量元素进行排序。

解:在命令窗口输入

```
>> y=[0.9  0.3  0.4  0.1  0.5  0.6  0.2];
>> [sorted,index]=sort(y)   % 对向量 y 的元素进行排序
sorted=
    0.1000   0.2000   0.3000   0.4000   0.5000   0.6000   0.9000
index=
    4        7        2        3        5        6        1
```

其中sorted是排序后的向量,index则是每个排序后的元素在原向量 y 的位置。即 y(index) 等于 sorted 向量。

● **例 2.14** 找出给定矩阵的最小元素及其位置。

解:在命令窗口输入

```
>> A=rand(4,5)
A=
    0.9501   0.8913   0.8214   0.9218   0.9355
    0.2311   0.7621   0.4447   0.7382   0.9169
    0.6068   0.4565   0.6154   0.1763   0.4103
    0.4860   0.0185   0.7919   0.4057   0.8936
>> [a,b]=min(A)      % a 为每一列的最小值,b 为每一列出现最小值的位置
a=
    0.2311   0.0185   0.4447   0.1763   0.4103
b=
    2        4        2        3        3
>> min(A(:))         % 查找出矩阵 A 的最小值
ans=
    0.0185
```

3. 向量的范数

范数(norm)用来度量向量或矩阵在某种意义下的长度,设向量 $V=(v_1,v_2,\cdots,v_n)$,其定义如下:

(1) 2-范数:$\|V\|_2 = \sqrt{\sum_{i=1}^{n} v_i^2}$

(2) 1-范数：$\|V\|_1 = \sum_{i=1}^{n}|v_i|$

(3) ∞-范数：$\|V\|_\infty = \max_{1 \leq i \leq n}\{|v_i|\}$

要求一个向量 p-norm（其中 $p=2$、1 或 ∞），可用 norm 命令，其使用语法如下：

norm(V,p)

● **例 2.15** 求一个向量 V 的 p-norm。

解：在命令窗口输入

```
>> V=[1 2 3 4];
>> norm(V,2)                  % 计算 2-norm
    ans=
        5.4772
>> norm(V,1)                  % 计算 1-norm
    ans=
        10
>> norm(V,inf)                % 计算∞-norm
    ans=
        4
```

计算向量元素统计量的常用函数如表 2.4 所示。

表 2.4　计算向量元素统计量的常用函数

函　数	说　明
min(V)	向量 V 的元素的最小值。若 V 为向量，则计算出向量 V 所有元素的最小值。若 V 为矩阵，将产生一行向量，其元素分别为矩阵 V 的各列元素的最小值
max(V)	向量 V 的元素的最大值。调用格式同上
mean(V)	向量 V 的元素的平均值。调用格式同上
median(V)	向量 V 的元素的中位数(中值)
std(V)	向量 V 的元素的标准差
diff(V)	向量 V 的相邻元素的差
sort(V)	向量 V 的元素进行排序
length(V)	向量 V 的元素个数
norm(V)	向量 V 的范数
sum(V)	向量 V 的元素总和。若 V 为向量，则计算出向量 V 所有元素之和。若 V 为矩阵，将产生一行向量，其元素分别为矩阵 V 的各列元素之和
prod(V)	向量 V 的元素总乘积。若 V 为向量，则计算出向量 V 所有元素之积。若 V 为矩阵，将产生一行向量，其元素分别为矩阵 V 的各列元素之积

（续表）

函　数	说　明
cumsum(V)	向量 V 的累计元素总和 s，矩阵 V 各列元素累计和，其中 s 与 V 同阶，且 $s_{ij} = \sum_{k=1}^{i} v_{kj}$
cumprod(V)	向量 V 的累计元素总乘积 p，矩阵各列元素的累计积，其中 p 与 V 同阶，且 $p_{ij} = \prod_{k=1}^{i} v_{kj}$
dot(V,U)	向量 V 和 U 的内积
cross(V,U)	向量 V 和 U 的外积

2.3.3 矩阵的算术运算

在 MATLAB 中，可以对矩阵进行数组运算，这时就把矩阵视为有序数据集合的数组，运算按数组运算规则对矩阵元素逐一进行。也可以对数组进行矩阵运算，这时就把数组视为矩阵的运算规则进行。

1. 基本算术运算

（1）矩阵的加减运算

假定有两个矩阵 A 和 B，则可以由 A+B 和 A−B 实现矩阵的加减运算。运算规则是：A 和 B 矩阵的维数相同，则可以执行矩阵的加减运算，A 和 B 矩阵中对应元素相加减。如果 A 与 B 的维数不相同，则 MATLAB 将给出错误信息，提示用户两个矩阵的维数不匹配。

一个标量也可以和其他不同维数的矩阵进行加减运算，这时是用该标量与矩阵的元素一一进行加减运算。

例 2.16 两个矩阵分别为 $A = \begin{bmatrix} 2 & 4 & 6 \\ 3 & 5 & 7 \\ 8 & 10 & 9 \end{bmatrix}$ 和 $B = \begin{bmatrix} 4 & 1 & 5 \\ 7 & 5 & 0 \\ 9 & 3 & 6 \end{bmatrix}$，求两者相减之差。

解：在命令窗口输入，并计算
```
>> A=[2 4 6;3 5 7;8 10 9];
>> B=[4 1 5;7 5 0;9 3 6];
>> C=A-B
   C=
       -2    3    1
       -4    0    7
       -1    7    3
```

（2）矩阵的乘法运算

假定有两个矩阵 A 和 B，若 A 为 $m \times n$ 矩阵，B 为 $n \times p$ 矩阵，则 $C = A * B$ 为 $m \times p$ 矩阵，其各个元素为：

$$c_{ij} = \sum_{k=1}^{n} a_{ik} \cdot b_{kj} \quad (i=1,2,\cdots,m, j=1,2,\cdots,p)$$

矩阵 A 和 B 进行乘法运算,要求 A 的列数与 B 的行数相等,此时则称 A、B 矩阵是可乘的,或称 A 和 B 两矩阵维数相容。如果两者的维数不相容,则将给出错误信息,提示用户两个矩阵是不可乘的。

例 2.17 两个矩阵分别为 $A = \begin{bmatrix} 1 & 2 & 3 \\ 4 & 5 & 6 \\ 7 & 8 & 9 \end{bmatrix}$ 和 $B = [3 \ 4 \ 5]$,分别计算 $C = A*B$ 及 $D = B*A$。

解:在命令窗口输入两矩阵,并计算 $C = A*B$ 及 $D = B*A$

≫ A=[1 2 3;4 5 6;7 8 9];
≫ B=[3 4 5];
≫ C=A*B
???   Error using ==> mtimes
Inner matrix dimensions must agree.
≫ D=B*A
D=
  54 66 78

在 MATLAB 中,还可以进行矩阵和标量相乘,标量可以是乘数也可以是被乘数。矩阵和标量相乘是矩阵中的每个元素与此标量相乘。

(3) 矩阵除法运算

在 MATLAB 中,有两种矩阵除法运算:\ 和 /,分别表示左除和右除。如果 A 矩阵是非奇异方阵,则 $A \backslash B$ 和 B/A 运算可以实现。$A \backslash B$ 等效于 A 的逆左乘 B 矩阵,也就是 $inv(A)*B$,而 B/A 等效于 A 矩阵的逆右乘 B 矩阵,也就是 $B*inv(A)$。

对于含有标量的运算,两种除法运算的结果相同,如 3/4 和 4\3 有相同的值,都等于 0.75。又如,设 $a = [10.5, 25]$,则 $a/5 = 5 \backslash a = [2.1000, 5.0000]$。对于矩阵来说,左除和右除表示两种不同的除数矩阵和被除数矩阵的关系。对于矩阵运算,一般 $A \backslash B \neq B/A$,但分母都是矩阵 A。

例 2.18 两个矩阵分别为 $A = \begin{bmatrix} 1 & 2 & 3 \\ 4 & 2 & 6 \\ 7 & 4 & 9 \end{bmatrix}$ 和 $B = \begin{bmatrix} 4 & 3 & 2 \\ 7 & 5 & 1 \\ 12 & 7 & 92 \end{bmatrix}$,分别计算 $C1 = A \backslash B$ 及 $C2 = B/A$。

解:在命令窗口输入两矩阵,并计算 $C1 = A \backslash B$ 及 $C2 = B/A$

≫ A=[1 2 3;4 2 6;7 4 9];
≫ B=[4 3 2;7 5 1;12 7 92];
≫ C1=A\B
C1=

第2章 MATLAB数据及基本操作

```
         0.5000   -0.5000    44.5000
         1.0000    0.0000    46.0000
         0.5000    1.1667   -44.8333
```

>> C2=B/A

C2=

```
        -0.1667   -3.3333     2.5000
        -0.8333   -7.6667     5.5000
        12.8333   63.6667   -36.5000
```

（4）矩阵的乘方运算

一个矩阵的乘方运算可以表示成分 $A\char`\^x$，要求 A 为方阵，x 为标量。

例 2.19 矩阵为 $A=\begin{bmatrix} 1 & 2 & 3 \\ 4 & 5 & 6 \\ 7 & 8 & 9 \end{bmatrix}$，求 $D=A\char`\^2$。

解：在命令窗口输入矩阵，并计算 $D=A\char`\^2$

>> A=[1 2 3;4 5 6;7 8 9];

>> D=A^2

D=

```
         30    36    42
         66    81    96
        102   126   150
```

显然，$A\char`\^2$ 即为 $A*A$。

矩阵的开方运算是相当困难的，但有了计算机，这种运算就不再显得那么麻烦了，用户可利用计算机方便地求出一个矩阵的方根。

例 2.20 矩阵为 $A=\begin{bmatrix} 1 & 2 & 3 \\ 4 & 5 & 6 \\ 7 & 8 & 9 \end{bmatrix}$，求 $E=A\char`\^0.1$。

解：在命令窗口输入矩阵，并计算 $E=A\char`\^0.1$。

>> A=[1 2 3;4 5 6;7 8 9];

>> E=A^0.1

E=

```
      0.8466+0.2270i    0.3599+0.0579i   -0.0967-0.1015i
      0.4016+0.0216i    0.4524+0.0132i    0.4432-0.0146i
     -0.0134-0.1740i    0.4849-0.0509i    1.0131+0.0820i
```

（5）矩阵的转置运算

矩阵的转置用符号"'"来表示和实现，如果输入的矩阵 A 是复数矩阵，则 A' 为复数共轭转置矩阵。

例 2.21 矩阵为 $A=\begin{bmatrix} 1+2i & 3 \\ 4 & 2+i \end{bmatrix}$，求其转置矩阵。

解：在命令窗口输入矩阵，并计算

>> A=[1+2*i 3;4 2+i];
>> A'
   ans=
      1.0000－2.0000i   4.0000
      3.0000   2.0000－1.0000i

2. 点运算

在 MATLAB 中，有一种特殊的运算，因为其运算符是在有关算术运算符前面加点，是专门针对数组进行运算的，所以叫点运算，也叫数组运算。点运算符有 .*、./、.\、.^ 和 .'，其中 .' 矩阵转置非共轭运算。两矩阵进行点运算是指它们的对应元素进行相关运算，要求两矩阵的维数相同。

例 2.22 对例 2.16 两个矩阵 $A=\begin{bmatrix} 1 & 2 & 3 \\ 4 & 2 & 6 \\ 7 & 4 & 9 \end{bmatrix}$ 和 $B=\begin{bmatrix} 4 & 3 & 2 \\ 7 & 5 & 1 \\ 12 & 7 & 92 \end{bmatrix}$ 分别进行 $C=A.*B$、$D=A./B$ 和 $E=A.\backslash B$ 运算。

解：在命令窗口输入两矩阵，并计算 $A.*B$、$A./B$ 和 $A.\backslash B$

>> A=[1 2 3;4 2 6;7 4 9];
>> B=[4 3 2;7 5 1;12 7 92];
>> C=A.*B   % 矩阵元素相乘运算
   C=
      4   6   6
     28   10   6
     84   28   828
>> D=A./B   % 矩阵元素右除运算
   D=
    0.2500   0.6667   1.5000
    0.5714   0.4000   6.0000
    0.5833   0.5714   0.0978
>> E=A.\B   % 矩阵元素左除运算
   E=
    4.0000   1.5000   0.6667
    1.7500   2.5000   0.1667
    1.7143   1.7500   10.2222

通过与例 2.18 的结果比较，这与前面介绍的矩阵的左除、右除是不一样的。

第 2 章　MATLAB 数据及基本操作

● 例 2.23　矩阵为 $A=\begin{bmatrix} 1+2i & 3 \\ 4 & 2+i \end{bmatrix}$，求 A.^2 及 A.′。

解：在命令窗口输入

≫A=[1+2*i 3;4 2+i];
≫A.^2　　　　　　　　　　　% 矩阵元素乘方运算
　ans=
　　　−3.0000+4.0000i　　9.0000
　　　16.0000　　　　　　3.0000+4.0000i
≫A.′　　　　　　　　　　　% 矩阵转置非共轭运算
　ans=
　　　1.0000+2.0000i　　4.0000
　　　3.0000　　　　　　2.0000+1.0000i

矩阵元素的点运算是 MATLAB 一个很有特色的运算符,在实际应用中有很重要的作用,容易让许多初学者与矩阵运算产生混淆,下面再举例对其进行强调说明。

● 例 2.24　当 $x=[0.1\ 0.2\ 0.3\ 0.4\ 0.5\ 0.6\ 0.7\ 0.8]$ 时,分别求 $y=\sin(2x)\cos(2x)$ 的值。

解：在命令窗口输入

≫x=0.1:0.1:0.8;
≫y=sin(2*x).*cos(2*x)
　y=
　　　0.1947　0.3587　0.4660　0.4998　0.4546　0.3377　0.1675　−0.0292

注意,上面 y 的表达式中必须采用矩阵元素的点运算,因为是 $\sin(2x)$ 和 $\cos(2x)$ 会根据 x 向量元素的取值按照它们的函数关系产生与 x 向量等长的两向量,并且 y 中两函数的自变量 x 的取值在任何时刻都是同时取自 x 向量的同一元素。如果 x 是一个标量,则用乘法运算就可以完成。

3. MATLAB 常用数学函数

MATLAB 提供了许多数学函数,函数的自变量规定为矩阵变量,其运算法则是将函数作用于矩阵元素上按点运算进行,而运算结果是一个与自变量同维同大小的矩阵。函数的调用格式为:函数名(变量)。如表 2.5 列出了 MATLAB 中一些常用的函数。

函数使用应注意以下几点：

(1) abs 函数可以求实数的绝对值、复数的模、字符串的 ASCII 值。

(2) 用于取整的函数有 fix、floor、ceil、round,要注意它们的区别。round 函数的作用是四舍五入,其余 3 个函数表示对同一个数可做不同的取整。例如：设 $x=3.32$,则 fix(x)、floor(x)、ceil(x)、round(x) 的结果分别是 3、3、4、3；又设 $x=-2.65$,则 fix(x)、floor(x)、ceil(x)、round(x) 的结果分别是 −2、−3、−2、−3。

表 2.5 MATLAB 常用数学函数

函数类型	函数名	含义	函数类型	函数名	含义
三角函数	$y=\sin(x)$	正弦函数	复数函数	$y=\mathrm{abs}(x)$	求绝对值或复数的模或向量长度的函数
	$y=\cos(x)$	余弦函数		$p=\mathrm{angle}(z)$	复数的幅角(单位为弧度)
	$y=\tan(x)$	正切函数		$c=\mathrm{complex}(a,b)$	由实部 a 和虚部 b 构造复数 $c=a+bi$
	$y=\cot(x)$	余切函数		$zc=\mathrm{conj}(z)$	复数的共轭
	$y=\sec(x)$	正割函数		$b=\mathrm{imag}(z)$	复数的虚部
	$y=\csc(x)$	余割函数		$a=\mathrm{real}(z)$	复数的实部
	$y=\mathrm{asin}(x)$	反正弦函数		$Q=\mathrm{unwrap}(P)$	相位展开
	$y=\mathrm{acos}(x)$	反余弦函数		$t=\mathrm{isreal}(A)$	是否为实数组
	$y=\mathrm{atan}(x)$	反正切函数		$B=\mathrm{cplxpair}(A)$	整理为共轭对
	$y=\mathrm{acot}(x)$	反余切函数	取整和取余函数	$y=\mathrm{fix}(x)$	朝零方向取整
	$y=\mathrm{asec}(x)$	反正割函数		$y=\mathrm{floor}(x)$	朝小于或等于 A 的方向取整
	$y=\mathrm{acec}(x)$	反余割函数		$y=\mathrm{ceil}(x)$	朝大于或等于 A 的方向取整
	$y=\sinh(x)$	双曲正弦函数			
	$y=\cosh(x)$	双曲余弦函数			
	$y=\tanh(x)$	双曲正切函数		$y=\mathrm{round}(x)$	四舍五入到最近邻的整数
	$y=\coth(x)$	双曲余切函数		$M=\mathrm{mod}(x,y)$	模数(带符号余数)
	$y=\mathrm{sech}(x)$	双曲正割函数		$R=\mathrm{rem}(x,y)$	求 x 除以 y 的余数
	$y=\mathrm{csch}(x)$	双曲余割函数		$y=\mathrm{sign}(x)$	符号函数
	$y=\mathrm{asinh}(x)$	反双曲正弦函数			当 $x<0$ 时,$\mathrm{sign}(x)=-1$
	$y=\mathrm{acosh}(x)$	反双曲余弦函数			当 $x=0$ 时,$\mathrm{sign}(x)=0$
	$y=\mathrm{atanh}(x)$	反双曲正切函数			当 $x>0$ 时,$\mathrm{sign}(x)=1$
	$y=\mathrm{acoth}(x)$	反双曲余切函数			
	$y=\mathrm{asech}(x)$	反双曲正割函数			
	$y=\mathrm{acsch}(x)$	反双曲余割函数			
	$y=\mathrm{atan2}(x)$	第 4 象限反正切函数			
指数函数	$y=\exp(x)$	以 e 为底的指数函数	其他函数	$G=\gcd(x,y)$	整数 x 和 y 最大公约数
	$y=\log(x)$	以 e 为底的对数函数		$L=\mathrm{lcm}(x,y)$	整数 x 和 y 最小公倍数
	$y=\mathrm{log10}(x)$	以 10 为底的对数函数		$S=\mathrm{rats}(x)$	将实数 z 化为多项分式展开
	$y=\mathrm{log2}(x)$	以 2 为底的对数函数			
	$y=\mathrm{pow2}(x)$	2 的幂函数		$[N,D]=\mathrm{rat}(x)$	将实数 z 化为多项分式展开
	$y=\mathrm{sqrt}(x)$	平方根函数			

(3) rem 与 mod 函数的区别。rem(x,y) 和 mod(x,y) 要求 x、y 必须为相同大小的实矩阵或为标量。当 $y\neq 0$ 时,rem(x,y)$=x-y.*\mathrm{fix}(x./y)$,而 mod(x,y)$=x-y.*\mathrm{floor}(x./y)$;当 $y=0$ 时,rem($x,0$)$=\mathrm{NaN}$,而 mod($x,0$)$=x$。显然,当 x、y 同号时,rem(x,y) 与 mod(x,y) 相等。rem(x,y) 的符号与 x 相同,而 mod(x,y) 的符号与 y 相同。设 $x=5,y=3$,则 rem(x,y) 和 mod(x,y) 的结果都是 2。又设 $x=-5,y=3$,则 rem(x,y) 和 mod(x,y) 的结果分别是 -2 和 1。

2.3.4 关系运算和逻辑运算

1. 关系运算

MATLAB 提供了 6 种关系运算,来实现两个变量之间的比较,其结果返回 1 或 0,表示运算关系成立或不成立。关系运算符如表 2.6 所示,它们的含义不难理解,但要注意其书写方法与数学中符号的不尽相同。

表 2.6 MATLAB 的关系运算符

运 算 符	含 义	运 算 符	含 义
<	小于	>=	大于或等于
<=	小于或等于	==	等于
>	大于	~=	不等于

关系运算符的运算法则为:

(1) 当两个比较量是标量时,直接比较两数的大小。若关系成立,关系表达式结果为 1,否则为 0。

(2) 当参与比较的量是两个维数相同的矩阵时,比较是对两矩阵相同位置的元素按标量关系运算规则逐个进行,并给出元素比较结果。最终的关系运算的结果是一个维数与原矩阵相同的矩阵,它的元素由 0 或 1 组成。

(3) 当参与比较的一个是标量,而另一个是矩阵时,则把标量与矩阵的每一个元素按标量关系运算规则逐个比较,并给出元素比较结果。最终的运算结果是一个维数与矩阵相同的矩阵,它的元素由 0 或 1 组成。

例 2.25 针对例 2.16 中两个矩阵 A 与 B,分别计算 A 与 B 的 6 种关系运算结果。

解:在命令窗口输入 A、B,并分别计算

```
>> A=[2 4 6;3 5 7;8 10 9];
>> B=[4 1 5;7 5 0;9 3 6];
>> A>B
   ans=
        0    1    1
        0    0    1
        0    1    1
>> A<B
   ans=
        1    0    0
        1    0    0
        1    0    0
>> A>=B
   ans=
        0    1    1
        0    1    1
```

```
            0    1    1
>> A<=B
   ans=
            1    0    0
            1    1    0
            1    0    0
>> A==B
   ans=
            0    0    0
            0    1    0
            0    0    0
>> A~=B
   ans=
            1    1    1
            1    0    1
            1    1    1
```

2. 逻辑运算

在 MATLAB 逻辑运算中，有 3 种逻辑运算符：&（与）、|（或）和 ~（非）。运算法则为：

(1) 在逻辑运算中，确认非零元素为真，用 1 表示，零元素为假，用 0 表示。

(2) 设参与逻辑运算的是两个标量 a 和 b，那么：

◆ a & b：a,b 全为非零时，运算结果为 1，否则为 0。

◆ a | b：a,b 中只要有一个非零，运算结果为 1，否则为 0。

◆ ~a：当 a 是零时，运算结果为 1；当 a 非零时，运算结果为 0。

(3) 若参与逻辑运算的是两个同维矩阵，那么运算将对矩阵相同位置上的元素按标量规则逐个进行。最终运算结果是一个与原矩阵同维的矩阵，其元素由 1 或 0 组成。

(4) 若参与逻辑运算的一个是标量，另一个是矩阵，那么运算将在标量与矩阵中的每个元素之间按标量规则逐个进行。最终运算结果是一个与矩阵同维的矩阵，其元素由 1 或 0 组成。

(5) 逻辑非是单目标运算符，也服从矩阵运算规则。

例 2.26 矩阵 A 和 B 均为 2×3 的矩阵，分别计算 A 与 B 的 3 种逻辑运算结果。

解：在命令窗口输入 A、B，并分别计算其逻辑关系

```
>> A=[1 2 3;0 5 6];
>> B=[4 0 5;7 5 0];
>> A&B
   ans=
            1    0    1
            0    1    0
>> A|B
```

```
ans=
    1   1   1
    1   1   1
>> ~A
ans=
    0   0   0
    1   0   0
>> ~B
ans=
    0   1   0
    0   0   1
```

在算术、关系、逻辑运算中,算术运算优先级最高,逻辑运算优先级最低。在实际应用中可以通过括号来调整运算过程的次序。

例 2.27 在$[0,3\pi]$区间,求$y=\sin x$的值,并绘图。具体要求:(1)消去负半波,即$(\pi,2\pi)$区间内的函数值置0;(2)$\left(\dfrac{\pi}{3},\dfrac{2\pi}{3}\right)$和$\left(\dfrac{7\pi}{3},\dfrac{8\pi}{3}\right)$区间内取值均为$\sin\dfrac{\pi}{3}$。

解:先根据自变量向量x产生函数值向量y,然后按要求对y进行处理。处理的思路有两个:一是从自变量着手进行处理,二是从函数值着手进行处理。

方法1:

```
>> x=0:pi/100:3*pi;
>> y=sin(x);
>> plot(x,y);                           %绘图函数
>> y1=(x<pi|x>2*pi).*y;                 %消去负半波
>> figure,plot(x,y1);
>> r=(x>pi/3&x<2*pi/3)|(x>7*pi/3&x<8*pi/3);
>> rn=~r;
>> y2=r*sin(pi/3)+rn.*y1;               %按要求处理第(2)步
>> figure,plot(x,y2);
```

方法2:

```
>> x=0:pi/100:3*pi;
>> y=sin(x);
>> y1=(y>=0).*y;                        %消去负半波
>> p=sin(pi/3);
>> y2=(y>=p)*p+(y<p).*y1;               %按要求处理第(2)步
>> plot(x,y);                           %绘图函数
>> figure,plot(x,y1);
>> figure,plot(x,y2);
```

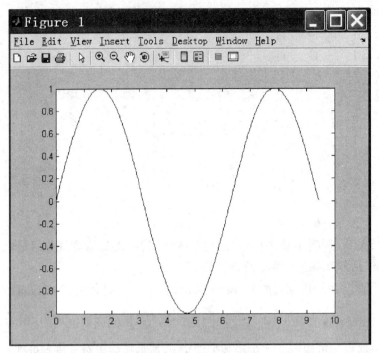

图 2.2　$y=\sin(x)$ 的曲线

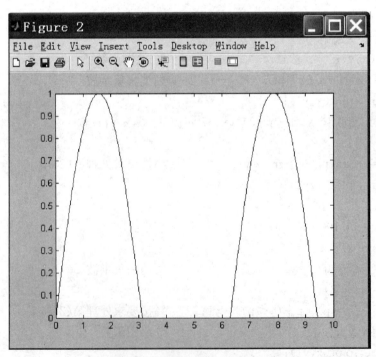

图 2.3　符合要求(1)的曲线

第 2 章 MATLAB 数据及基本操作

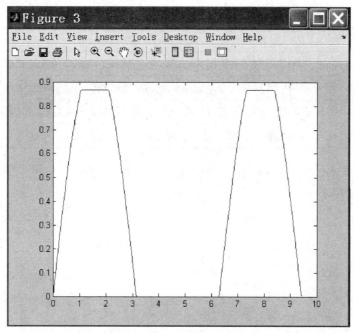

图 2.4 符合要求(2)的曲线

此例说明，由于 MATLAB 以 0 或 1 表示关系运算和逻辑运算的结果，所以巧妙利用关系运算和逻辑运算能对函数值进行分段处理，即不需条件判断就能求分段函数的值，从图 2.2～2.4 的数据绘图，可以看出程序运行处理的结果。

3. 关系运算与逻辑运算函数

MATLAB 除了上面的关系运算符和逻辑运算符外，还提供了关系函数和逻辑函数，具体见表 2.7。

表 2.7 关系运算函数与逻辑运算函数

函数名称	功　能
all(x)	若向量的所有元素非零，则结果为 1
any(x)	向量中任何一个元素非零，都给出结果 1
exist(x)	检查变量在工作空间是否存在，若存在，则结果为 1，否则为 0
find(x)	找出向量或矩阵中非零元素的位置
isempty(x)	若被查变量是空阵，则结果为 1
isglobal(x)	若被查变量是全局变量，则结果为 1
isinf(x)	若元素是±inf，则结果矩阵相应位置元素取 1，否则取 0
isnan(x)	若元素是 nan，则结果矩阵相应位置元素取 1，否则取 0
isfinite(x)	若元素值大小有限，则结果矩阵相应位置元素取 1，否则取 0
issparse(x)	若变量是稀疏矩阵，则结果矩阵相应位置元素取 1，否则取 0
isstr(x)	若变量是字符串，则结果矩阵相应位置元素取 1，否则取 0

(续表)

函数名称	功　能
xor(x,y)	若两矩阵对应元素同为0或非0,则结果矩阵相应位置元素取0,否则取1
and(x,y)	若两矩阵对应元素同为非0,则结果矩阵相应位置元素取1,否则取0
or(x,y)	若两矩阵对应元素至少有一个非0,则结果矩阵相应位置元素取1,否则取0
not(x)	若元素值大小为0,则结果矩阵相应位置元素取1,否则取0

例2.28　按要求寻找已知矩阵A中在20~30区间的元素的位置。

解:建立矩阵A

```
≫ A=[4 -40 2;23 50 17;18 29 14]
A=
    4  -40   2
   23   50  17
   18   29  14
≫ [r,c]=find(A>=20&A<=30)
r=
    2
    3
c=
    1
    2
```

其中,r和c分别是符合条件的行索引(row index)及列索引(column index)。也就是该例矩阵中符合条件的元素位置分别为(2,1)和(3,2)。

2.3.5　位运算

MATLAB位运算符(Bitwise operators)可对非负整数进行位对位的逻辑运算,有关命令见表2.8。

表2.8　MATLAB的位运算符

位运算符	功　能	位运算符	功　能
bitand	位对位的 AND	bitor	位对位的 OR
bitxor	位对位的 XOR	bitget	取得某位
bitcmp	元素逐位取反	bitmax	最大浮点整数值
bitset	设定某位	bitshift	移位

例如,数字12的二进制表示法是1100,数字6的二进制表示法是0110,因此数字12和数字6的bitand应返回0100的十进制数值,即数字4,具体操作如下:

```
≫ bitand(12,6)
ans=
    4
```

另外,将数字 12 的二进制数 1100 向左平移一位后应为 11000,相当于给原数乘以 2,即为数字 24,可操作如下:

≫ bitshift(12,1)

  ans=

    24

2.4 矩阵索引与分析

由于矩阵是 MATLAB 的基本处理对象,也是 MATLAB 的重要特征。在基本矩阵运算的基础上,应对矩阵元素的访问、矩阵的拆分、矩阵的扩建等操作方法进一步熟悉,这就是利用矩阵或者向量元素的索引来完成相应的操作。同时,为了能够解决许多矩阵运算的复杂问题,用户必须掌握矩阵结构变换、矩阵求值及矩阵函数等矩阵分析与处理的相关知识。

2.4.1 向量元素的访问

1. 向量中元素的访问

访问向量的元素只要使用相应元素的索引即可,请参阅下面的例子 2.29。在例子 2.29 中操作对象是一个向量,该向量为 $A=[1\ 2\ 3\ 4\ 5\ 6\ 7\ 8\ 9\ 0]$。

例 2.29 访问向量中的元素。

解:在 MATLAB 的命令行窗口中键入下面的命令:

≫ % 访问向量的第三个元素

≫ A(3)

  ans=

    3

≫ % 访问向量的第一、三、七个元素

≫ A([1,3,7])

  ans=

    1 3 7

≫ %访问向量的第一、三、五个元素

≫ A([1,3,5])

  ans=

    1 3 5

≫ %访问向量的最后四个元素

≫ A([end−3:end])

  ans=

    7 8 9 0

≫ %重复访问向量中的元素

≫ A([1:5,5:−1:1])

  ans=

1 2 3 4 5 5 4 3 2 1

必须注意以下几点：

（1）访问向量元素的结果是创建新的向量。

（2）访问向量的元素直接给出元素在向量中的序号，元素的序号不仅可以是单一的整数，还可以是元素序号组成的向量，如例子 2.29 中的各种操作。

（3）关键字 end 在访问向量元素时，表示向量中最后一个元素的序号。

（4）访问向量元素时，序号的数值必须介于数值 1～end 之间。

2. 向量中元素的赋值

可以通过访问元素的方法，对具体的元素赋值，参见例子 2.30。

● 例 2.30　对向量的元素进行赋值。

解：在 MATLAB 命令行窗口中键入下面的命令：

≫ %对向量的第三个元素赋值

≫ A(3)=−3

A=

1 2 −3 4 5 6 7 8 9 0

≫ %对向量中不存在的数据赋值

≫ A(15)=−15

A=

1 2 −3 4 5 6 7 8 9 0 0 0 0 0 −15

说明：

在例子 2.30 中，对向量的第 15 个元素赋值，在赋值之前向量的第 11～15 个元素不存在，但是在赋值之后，将自动创建这些元素，并且为没有明确赋值的元素赋默认值 0，这就是 MATLAB 的数据自动扩充和初始化机制。

2.4.2　矩阵元素的访问

1. 矩阵元素的访问

访问矩阵的元素也需要使用矩阵元素的索引，不过具有两种方式，第一种方式是使用矩阵元素的行列下标（Subscript）形式，第二种方法是使用矩阵元素的序号（Index）形式，参阅例 2.31。

● 例 2.31　访问矩阵的元素：MATLAB 工作空间中具有一个 5×5 的随机矩阵，通过命令行获取矩阵的第三行、第二列的元素。

解：在 MATLAB 命令行窗口中键入下面的命令：

≫ %创建随机矩阵

≫ A=rand(5)

A=

0.9501	0.7621	0.6154	0.4057	0.0579
0.2311	0.4565	0.7919	0.9355	0.3529
0.6068	0.0185	0.9218	0.9169	0.8132

0.4860	0.8214	0.7382	0.4103	0.0099
0.8913	0.4447	0.1763	0.8936	0.1389

```
>> %使用下标的形式访问元素
>> A(3,2)
   ans=
       0.0185
>> %使用序号的形式访问元素
>> A(8)
   ans=
       0.0185
```

有以下几点说明：

（1）矩阵元素的下标表示和序号表示是一一对应的。

（2）矩阵元素的序号是矩阵元素在内存中存储的排列序列号，矩阵元素按列编号，先第一列，再第二列，依此类推。一般的，同一个矩阵的元素存储在连续的内存单元中。

（3）矩阵元素的序号与下标之间可以转换，其转换关系如下，以 $m \times n$ 的矩阵为例，该矩阵的第 i 行第 j 列的元素下标表示为序号 $l=(j-1)^* m+i$。

（4）使用下标的形式访问矩阵元素的方法简单、直接，同线性代数的矩阵元素的概念一一对应。

为了方便矩阵下标和序号之间的转换，MATLAB 提供了两个函数分别完成两者之间的相互转化：

◆ sub2ind：根据下标计算序号。

◆ ind2sub：根据序号计算下标。

例 2.32 利用 sub2ind 和 ind2sub 函数完成例 2.30 中矩阵序号和下标之间的转换。

解：
```
>> % 下标转换为序号
>> sub2ind(size(A),3,2)
   ans=
       8
>> % 序号转换为下标
>> [i,j]=ind2sub(size(A),8)
   i=
       3
   j=
       2
```

其中，size(A)函数返回包含两个元素的向量，分别是矩阵的行数和列数。

2. 矩阵的拆分

（1）利用冒号表达式获得子矩阵

◆ $A(:,j)$ 表示取 A 矩阵的第 j 列全部元素；$A(i,:)$ 表示 A 矩阵第 i 行的全部元素；

$A(i,j)$ 表示取 A 矩阵第 i 行、第 j 列的元素。

◆ $A(i:i+m,:)$ 表示取 A 矩阵第 $i\sim i+m$ 行的全部元素；$A(:,k:k+m)$ 表示取 A 矩阵第 $k\sim k+m$ 列的全部元素，$A(i:i+m,k:k+m)$ 表示取 A 矩阵第 $i\sim i+m$ 行内，并在第 $k\sim k+m$ 列中的所有元素。

◆ $A(:)$ 将矩阵 A 每一列元素堆叠起来，成为一个列向量。

此外，还可利用一般向量和 end 运算符等来表示矩阵下标，从而获得子矩阵。end 表示某一维的末尾元素下标。

● **例 2.33** 用不同的方法访问矩阵的元素。

解：在 MATLAB 命令行中键入下面的命令：
≫ ％ 创建矩阵
≫ A＝1：25；
≫ A＝reshape(A,5,5)　　％ reshape 函数是在保持矩阵总元素不变的前提下，将其按先第一列，再第二列，……，重新排成 $m\times n$（$m=5, n=5$）的二维矩阵

A＝

　　1　6　11　16　21
　　2　7　12　17　22
　　3　8　13　18　23
　　4　9　14　19　24
　　5　10　15　20　25

≫ ％ 获取矩阵的第三行第一列元素
≫ A(3,1) 或 A(3)
ans＝
　　3
≫ ％ 获取矩阵第三行的所有元素
≫ A(3,:)
ans＝
　　3　8　13　18　23
≫ ％ 获得矩阵第四列的所有元素
≫ A(:,4)
ans＝
　　16
　　17
　　18
　　19
　　20
≫ ％ 获取矩阵的最后一行元素

```
>> A(end,:)
   ans=
        5    10    15    20    25
>> % 获取某一子矩阵
>> A(2:3,4:5)              %获取第 2 到第 3 行、第 4 到第 5 列构成的子矩阵
   ans=
       17    22
       18    23
>> A(2:2:4,1:2:5)           %获取第 2、第 4 行,第 1、第 3 及第 5 列构成的子矩阵
   ans=
        2    12    22
        4    14    24
>> % 将矩阵每一列元素堆叠起来,成为一个行向量
>> A(:)'
   ans=
Columns 1 through 13
 1   2   3   4   5   6   7   8   9   10   11   12   13
Columns 14 through 25
 14  15  16  17  18  19  20  21  22  23   24   25
```

注意,在这里,$A(:)$等价于 reshape(A,1,25)。

(2) 利用空矩阵删除矩阵的元素

在 MATLAB 中,定义[ ]为空矩阵。给变量 X 赋空矩阵的语句为 X=[ ]。注意,X=[ ]与 clear X 不同,clear 是将 X 从工作空间中删除,而空矩阵则存在于工作空间,只是维数为 0。

将某些元素从矩阵中删除,采用将其置为空矩阵的方法就是一种有效的方法。例如,

```
>> A(:,1:2:5)=[ ]
   A=
        6    16
        7    17
        8    18
        9    19
       10    20
```

这一命令删除了 A 中的第 1、第 3 及第 5 列的所有元素。

2.4.3 矩阵结构变换

1. 对角阵

只有对角线上有非 0 元素的矩阵称为对角矩阵,对角线上的元素相等的对角矩阵称为数量矩阵,对角线上的元素都为 1 的对角矩阵称为单位矩阵。矩阵的对角线有许多性质,如转置运算时对角线元素不变,相似变换时对角线的和(称为矩阵的迹)不变等。在

研究矩阵时,很多时候需要将矩阵的对角线上的元素提取出来形成一个列向量,而有时又需要用一个向量构造一个对角阵。

(1) 提取矩阵的对角线元素

设 A 为 $m\times n$ 矩阵,diag(A)函数用于提取矩阵 A 主对角线元素,产生一个具有 min(m,n)个元素的列向量。

● **例 2.34** 提取矩阵 A 对角线元素

解:≫ A=[1 2 3;4 5 6;7 8 9];
≫ D=diag(A)
　D=
　　　1
　　　5
　　　9

diag(A)函数还有一种形式 diag(A,k),其功能是提取第 k 条对角线的元素。与主对角线平行,往上为第 1 条、第 2 条、…、第 n 条对角线,往下为第 −1 条、第 −2 条、…、第 −n 条对角线。主对角线为第 0 条对角线。例如,对于上面建立的 A 矩阵,提取其主对角线两侧对角线的元素,命令如下:

≫ D1=diag(A,1)
　D1=
　　　2
　　　6
≫ D2=diag(A,−1)
　D2=
　　　4
　　　8

(2) 构造对角矩阵

设 V 为具有 m 个元素的向量,diag(V)将产生一个 $m\times n$ 对角矩阵,其主对角线元素即为向量 V 的元素。

● **例 2.35** 由已知向量构造对角矩阵

解: 在命令窗口输入向量,并构造对角矩阵
≫ V=[1 2 3 4];
≫ diag(V)
　ans=
　　　1　　0　　0　　0
　　　0　　2　　0　　0
　　　0　　0　　3　　0
　　　0　　0　　0　　4

diag(V)函数也有另一种形式 diag(V,k),其功能是产生一个 $n\times n$ 的对角阵,其第 k

条对角线的元素即为向量 v 的元素。例如：

```
≫ diag(1：3,-1)
    ans=
         0    0    0    0
         1    0    0    0
         0    2    0    0
         0    0    3    0
```

● **例 2.36** 先建立 4×4 矩阵 A，然后将 A 的第一行元素乘以 4，第二行乘以 3，…，第四行乘以 1。

解：用一个对角矩阵左乘一个矩阵时，相当于用对角阵的第一个元素乘以该矩阵的第一行，用对角阵的第二个元素乘以该矩阵的第二行，…，依此类推。因此，只需按要求构造一个对角矩阵 D，并用 D 左乘 A 即可。命令如下：

```
≫ A=[17,1,0,15；5,7,14,16；4,0,13,0；10,12,19,21];
≫ D=diag(4：-1：1);
≫ D*A              % 用 D 左乘 A，对 A 的每行乘以一个指定常数
    ans=
        68     4     0    60
        15    21    42    48
         8     0    26     0
        10    12    19    21
```

如果要对 A 的每列元素乘以同一个数，可以用一个对角阵右乘矩阵 A。

2. 三角阵

三角阵分为上三角阵和下三角阵，所谓上三角阵，即矩阵的对角线以下的元素全为 0 的一种矩阵，而下三角阵则是对角线以上的元素全为 0 的一种矩阵。

(1) 上三角矩阵

与矩阵 A 对应的上三角阵 B 是与 A 同型（具有相同的行数和列数）的一个矩阵，并且 B 的对角线以上（含对角线）的元素和 A 对应相等，而对角线以下的元素等于 0。求矩阵 A 的上三角阵的 MATLAB 函数是 triu(A)。

triu(A) 函数也有另一种形式 triu(A,k)，其功能是求矩阵 A 的第 k 条对角线以上的元素。

● **例 2.37** 提取矩阵 A 的上三角元素，形成新的矩阵。

解：命令如下：

```
≫ % 提取主对角线以上元素,形成新的矩阵
≫ A=[17,1,0,15；5,7,14,16；4,0,13,0；10,12,19,21];
≫ triu(A)
    ans=
        17     1     0    15
```

```
        0     7    14    16
        0     0    13     0
        0     0     0    21
```

```
>> % 提取矩阵 A 的第 1 条对角线以上的元素，形成新的矩阵
>> triu(A,1)
   ans=
        0     1     0    15
        0     0    14    16
        0     0     0     0
        0     0     0     0
```

(2) 下三角矩阵

在 MATLAB 中，提取矩阵 A 的下三角矩阵的函数是 tril(A) 和 tril(A,k)，其用法与提取上三角矩阵的函数 triu(A) 和 triu(A,k) 完全相同。

3. 矩阵的转置

所谓转置，即把原矩阵的第一行变成目标矩阵第一列，第二行变成第二列，…，依此类推。显然，一个 m 行 n 列的矩阵经过转置运算后，变成一个 n 行 m 列的矩阵。设 A 为 $m \times n$ 矩阵，则其转置矩阵 B 的元素定义如下：

$$b_{ji}=a_{ij}, i=1,2,\cdots,m, j=1,2,\cdots,n$$

转置运算符是单撇号"'"。

● **例 2.38** 对例 2.36 中的矩阵转置，形成新的矩阵。

解：命令如下：

```
>> A=[17,1,0,15;5,7,14,16;4,0,13,0;10,12,19,21];
>> B=A'
   B=
       17     5     4    10
        1     7     0    12
        0    14    13    19
       15    16     0    21
```

4. 矩阵的旋转

在 MATLAB 中，可以很方便地以为单位对矩阵按逆时针方向进行旋转。利用函数 rot90(A,k) 将矩阵 A 旋转的 k 倍，当 k 为 1 时可省略。

● **例 2.39** 对例 2.36 中的矩阵进行旋转，形成新的矩阵。

解：命令如下：

```
>> A=[17,1,0,15;5,7,14,16;4,0,13,0;10,12,19,21];
>> rot90(A)
   ans=
       15    16     0    21
```

```
            0      14     13     19
            1       7      0     12
           17       5      4     10
```
```
>> rot90(A,3)
   ans=
           10       4      5     17
           12       0      7      1
           19      13     14      0
           21       0     16     15
```

5. 矩阵的左右翻转与上下翻转

对矩阵实施左右翻转是将原矩阵的第一列和最后一列调换,第二列和倒数第二列调换,依此类推。MATLAB对矩阵 A 实施左右翻转的函数是 fliplr(A),与矩阵的左右翻转类似,矩阵的上下翻转是将原矩阵的第一行与最后一行调换,第二行上的数与第二行调换,…,依此类推。对矩阵 A 实施上下翻转的函数是 flipud(A)。

● 例 2.40 对例 2.36 中的矩阵进行翻转,形成新的矩阵。

解:命令如下:
```
>> A=[17,1,0,15;5,7,14,16;4,0,13,0;10,12,19,21];
>> % 实施左右翻转,形成新的矩阵
>> B=fliplr(A)
   B=
           15       0      1     17
           16      14      7      5
            0      13      0      4
           21      19     12     10
>> % 实施上下翻转,形成新的矩阵
>> flipud(A)
   ans=
           10      12     19     21
            4       0     13      0
            5       7     14     16
           17       1      0     15
```

2.4.4 矩阵函数

MATLAB提供了大量的矩阵分析、分解以及特征值求解的函数,其中包括矩阵求秩、迹、奇异值的计算、条件数、范数等相关的函数。具体见表2.9。

表 2.9　MATLAB 中的矩阵函数

函数类型	函数名	含义	函数类型	函数名	含义
矩阵分析	norm	矩阵或向量的范数	特征值和奇异值	eig	特征值和特征向量
	null	零空间正交基		eigs	若干特征值
	normest	矩阵 2 范数的估值		poly	特征多项式（必须是方阵）
	orth	正交化		condeig	对应于特征值的条件数
	rank	矩阵的秩		polyeig	多项式特征值问题
	det	行列式（必须是方阵）		schur	Schur 分解
	subspace	两个子空间之间的夹角		qz	广义特征值
	trace	矩阵的迹		svd	奇异值分解
线性方程	qr	正交三角分解	矩阵函数	expm	矩阵指数
	lu	三角分解		expm1	用 M 文件求矩阵指数
	inv	矩阵求逆（必须是方阵）		expm2	用泰勒级数求矩阵指数
	chol	Cholesky 分解		expm3	用特征值求矩阵指数
	cholinc	不完全 Choleskyr 分解		logm	矩阵对数
	cond	矩阵条件数		sqrtm	矩阵开方
	condest	1 范数条件数的估值	矩阵分解工具	qrdelete	从 QR 分解中删去一列
	rcond	lmpack 逆条件数计算		qrinsett	在 QR 分解中插入一列
	nnls	非负最小二乘		rsf2csf	实对角阵变为复对角阵
	pinv	矩阵伪逆		cdf2rdf	复对角阵变为实对角阵
	lscov	协方差已知的最小二乘		planerot	Given's 平面旋转

● 例 2.41　求矩阵 $A = \begin{bmatrix} 0 & 4 & 1 & 4 \\ 7 & 8 & 7 & 4 \\ 2 & 9 & 0 & 0 \\ 7 & 5 & 5 & 1 \end{bmatrix}$ 的行列式及逆阵等特性。

解：在命令窗口输入如下命令：

```
>> A=[0 4 1 4;7 8 7 4;2 9 0 0;7 5 5 1];
>> det(A)          % 求矩阵行列式的值
ans=
    275
>> rank(A)         % 求矩阵的秩
ans=
    4
>> trace(A)        % 求矩阵的迹
ans=
    9
>> cond(A)         % 求矩阵的条件数
ans=
    33.4763
```

```
>> inv(A)          % 求矩阵的逆阵
ans=
       0.4255    -0.6218    -0.0727     0.7855
      -0.0945     0.1382     0.1273    -0.1745
      -0.6000     0.8000    -0.0000    -0.8000
       0.4945    -0.3382    -0.1273     0.3745
```

● 例 2.42 矩阵 $A = \begin{bmatrix} 1 & 2 & 3 \\ 4 & 5 & 6 \\ 7 & 8 & 9 \end{bmatrix}$，计算矩阵 A 的特征值和特征向量。

解：在命令窗口输入如下命令：

```
>> A=[1 2 3;4 5 6;7 8 9];
>> [V,D]=eig(A)
V=
      -0.2320    -0.7858     0.4082
      -0.5253    -0.0868    -0.8165
      -0.8187     0.6123     0.4082
D=
      16.1168     0           0
       0         -1.1168      0
       0          0          -0.0000
```

求得的 3 个特征值是 16.1168、-1.1168 和 -0.0000，各特征值对应的特征向量为 V 的各列向量。

● 例 2.43 矩阵 $A = \begin{bmatrix} 9 & 2 & 3 \\ 3 & 5 & 6 \\ 8 & 2 & 7 \end{bmatrix}$，对其进行如下相关分解。

解：在命令窗口输入如下命令：

```
>> A=[9 2 3;3 5 6;8 2 7];
>> [U,S,D]=svd(A)           % 奇异值分解
U=
      -0.5770     0.5941    -0.5604
      -0.4583    -0.8035    -0.3799
      -0.6760     0.0377     0.7359
S=
      15.8533     0           0
       0          5.0763      0
       0          0           1.9758
D=
      -0.7554     0.6379    -0.1499
      -0.3026    -0.5425    -0.7836
```

```
                −0.5811      −0.5466      0.6029
>> [L,U]=lu(A)                 % LU 分解
    L=
        1.0000       0            0
        0.3333       1.0000       0
        0.8889       0.0513       1.0000
    U=
        9.0000       2.0000       3.0000
        0            4.3333       5.0000
        0            0            4.0769
>> [Q,R]=qr(A)                 % QR 分解
    Q=
       −0.7252       0.2070      −0.6566
       −0.2417      −0.9696      −0.0386
       −0.6447       0.1307       0.7532
    R=
      −12.4097      −3.9485      −8.1388
        0           −4.1724      −4.2814
        0            0            3.0708
>> C=chol(A)                   % Cholesky 分解
??? Error using ==> chol
Matrix must be positive definite.
```

注意,由于所给矩阵不是正定矩阵,所以无法完成 Cholesky 分解。

对于其他一些矩阵函数的使用,用户可以根据使用情况查阅相关资料,在这里不再一一赘述了。

2.5　字　符　串

MATLAB 的字符串,是一种相对比较次要的数据类型,但是这种数据类型也不可缺少。在数据的可视化、应用程序的交互方面,字符串都起到非常重要的作用。

2.5.1　字符串的创建

创建字符串时,只要将字符串的内容用单引号包含起来就可以了,字符串一般以行向量形式存在,并且每一个字符占用两个字节的内存,每个元素对应一个字符,其标识方法与数值向量相同。例如在命令窗口建立如下字符串:

```
>> xx='Tianshui Normal University'
```

输出结果是:

```
xx=
    Tianshui Normal University
```

字符串是以 ASCII 码形式存储的。abs 和 double 函数都可以用来获取字符串矩阵

第 2 章　MATLAB 数据及基本操作

所对应的 ASCII 码数值矩阵。相反，char 函数可以把 ASCII 码矩阵转换为字符串矩阵。但必须了解字符串和其他数据类型的区别。

例 2.44 字符串的创建，并与其他数据类型的比较。

解： 在 MATLAB 命令行窗口中，键入下面的命令：

```
>> a=1234
    a=
        1234
>> class(a)
    ans=
        double
>> size(a)
    ans=
        1    1
>> b='1234'
    b=
        1234
>> class(b)
    ans=
        char
>> size(b)
    ans=
        1    4
>> whos
    Name      Size      Bytes     Class
    a         1×1       8         double array
    ans       1×2       16        double array
    b         1×4       8         char array
Grand total is 7 elements using 32 bytes
```

创建字符串时，只要将字符串的内容用单引号包含起来就可以了，若需要在字符串内容中包含单引号，则需要在键入字符串内容时，连续键入两个单引号即可，例如：

```
>> 'I''m a teacher'
    ans=
        I'm a teacher
```

2.5.2　字符串基本操作

本小节详细介绍字符串的基本操作，结合具体的例子将详细讲解字符串元素索引、字符串的拼接、字符串与数值之间的转换等操作。

1. 字符串元素索引

● 例 2.45 字符串元素索引。

解：字符串实际上也是一种 MATLAB 的向量或者数组，所以，一般利用索引操作数组的方法都可以用来操作字符串。在 MATLAB 命令行窗口中，键入下面的命令：

≫ a='This is No. 2.43 Example!'

a=

  This is No. 2.43 Example!

≫ b=a(1：7)

b=

  This is

≫ c=a(12：end)

c=

  2.43 Example!

本例子使用了索引获取字符串 a 的子串，直观上在字符串中使用索引和在数组或向量中使用索引是没有任何区别的。

字符串还可以利用"[ ]"运算符进行拼接，不过拼接字符串时需要注意以下两点：

（1）若使用","作为不同字符串之间的间隔，则相当于扩展字符串成为更长的字符串向量。

（2）若使用";"作为不同字符串之间的间隔，则相当于扩展字符串成为二维或者多维的数组，这时，不同行上的字符串必须具有同样的长度，见如下例子。

2. 字符串的拼接

● 例 2.46 字符串的拼接。

解：在 MATLAB 命令行窗口中，键入下面的命令：

≫ a='Good';

≫ b='Noon';

≫ length(a)==length(b)

ans=

  1

≫ c=[a,' ',b]

c=

  Good Noon

≫ d=[a；b]

d=

  Good

  Noon

≫ size(c)

ans=

  1 9

```
>> size(d)
    ans=
         2    4
```

在例子 2.46 中,首先创建了两个长度一致的字符串,然后利用"[ ]"运算符将两个字符串分别组合成为了向量 c 和矩阵 d。不过在创建矩阵 d 时,各个行字符串必须具有相同的长度。

拼接字符串还可以使用部分函数完成,这些函数在 2.5.3 小节讲述。

3. 字符串和数值的转换

字符串和一般的数值之间也可以进行相应的转换,在例子 2.47 中,将使用字符向数值转换的方法查看相应字符的数值。

例 2.47 字符串和数值的转换。

解:在 MATLAB 命令行窗口中,键入下面的命令:

```
>> a='Good Noon';
>> b=double(a)
    b=
         71   111   111   100    32    78   111   111   110
>> c='再见!';
>> d=double(c)
    d=
         20877    35265    65281
>> char(d)
    ans=
         再见!
```

2.5.3 字符串操作函数

MATLAB 提供了一些字符串操作函数,具体使用见表 2.10。

表 2.10 常用字符串操作函数

函 数 名	含 义
char	创建字符串,将数值转变成为字符串
double	将字符串转变成 ASCII 值
blanks	创建空白的字符串(由空格组成)
deblank	将字符串尾部的空格删除
ischar	判断变量是否是字符类型
strcat	水平组合字符串,构成更长的字符向量
strvcat	垂直组合字符串,构成字符串矩阵
strcmp	比较字符串,判断字符串是否一致
strncmp	比较字符串前 n 个字符,判断是否一致

(续表)

函数名	含义
strcmpi	比较字符串,比较时忽略字符的大小写
strncmpi	比较字符串前 n 个字符,比较时忽略字符的大小写
findstr	在较长的字符串中查寻较短的字符串出现的索引
strfind	在第一个字符串中查寻第二个字符串出现的索引
strjust	对齐排列字符串
strrep	替换字符串中的子串
strmatch	查询匹配的字符串
upper	将字符串的字符都转变成为大写字符
lower	将字符串的字符都转变成为小写字符

下面结合具体的示例讲解部分函数的具体用法。

● 例 2.48 字符串比较函数应用。

解:在 MATLAB 命令行窗口中,键入如下的命令:

```
>> a='The first string';
>> b='The second string';
>> c=strcmp(a,b)
c=
    0
>> d=strncmp(a,b,4)
d=
    1
>> whos
    Name      Size      Bytes      Class
    a         1×16      32         char array
    b         1×17      34         char array
    c         1×1       1          logical array
    d         1×1       1          logical array
Grand total is 35 elements using 68 bytes
```

在例子 2.48 中,使用两种不同函数进行了字符串比较,strcmp 比较两个字符串的全部字符,所以第一次比较时,系统返回了逻辑假值,而 strncmp 只比较指定字符串中的前 n 个字符,所以在第二次比较时,系统返回了逻辑真值。

● 例 2.49 findstr 函数和 strfind 函数的使用。

解:在 MATLAB 命令行窗口中,键入下面的命令:

```
>> X='A friend in need is a friend indeed';
>> Y='friend';
```

```
>> a=findstr(Y, X)
   a=
       3 23
>> b=strfind(Y, X)
   b=
       []
>> whos
   Name       Size        Bytes       Class
   X          1×35        70          char array
   Y          1×6         12          char array
   a          1×2         16          double array
   b          0×0         0           double array
Grand total is 43 elements using 98 bytes
```

在例子 2.49 中,分别使用 findstr 函数和 strfind 函数在字符串中查寻子串的索引位置。注意两个函数的区别,findstr 函数从长字符串中查寻短字符串的索引位置,而 strfind 是在第一个字符串参数中查寻第二个字符串参数的索引。所以,在例子 2.49 中两次操作获取了不同的运算结果。

2.5.4 字符串转换函数

在 MATLAB 中允许不同类型的数据和字符串类型的数据之间进行转换,这种转换需要使用不同的函数完成。另外,同样的数据,特别是整数数据有很多种表示的格式,例如十进制、二进制或者十六进制。MATLAB 中,直接提供了相应的函数完成数制的转换。在表 2.11 和表 2.12 中,分别列举了这些函数。

表 2.11 数字和字符串之间的转换函数

函 数 名	含 义
num2str	将数字转变成为字符串
int2str	将整数转变成为字符串
mat2str	将矩阵转变成为可被 eval 函数使用的字符串
str2double	将字符串转变为双精度类型的数据
str2num	将字符串转变为数字
sprintf	格式化输出数据到命令行窗口
sscanf	读取格式化字符串

表 2.12 不同数值之间的转换函数

函 数 名	含 义
hex2num	将十六进制整数字符串转变成为双精度数据
hex2dec	将十六进制整数字符串转变成为十进制整数

(续表)

函数名	含义
dec2hex	将十进制整数转变成为十六进制整数字符串
bin2dec	将二进制整数字符串转变成为十进制整数
dec2bin	将十进制整数转变成为二进制整数字符串
base2dec	将指定数制类型的数字字符串转变成为十进制整数
dec2base	将十进制整数转变成为指定数制类型的数字字符串

在表 2.11 中列举的数字与字符串之间转换的函数中,较为常用的函数是 num2str 和 str2num,这两个函数在 MATLAB 图形用户界面(GUI)编程中将会大量用到,下面举例讨论这两个函数的用法。

● **例 2.50** num2str 函数和 str2num 函数的使用。

解: 在 MATLAB 命令行窗口中,键入下面的命令:

```
>> S=['1 2 3';'2 3 4'];
>> A=str2num(S)
   A=
        1    2    3
        2    3    4
>> B=str2num('6 -8i')                    % 表达式中减号前留有空格
   B=
        6.0000              0-8.0000i
>> C=str2num('6-8i')                     % 表达式中减号前不留有空格
   C=
        6.0000-8.0000i
>> D=num2str(rand(2,3),6)
   D=
        0.950129    0.606843    0.891299
        0.231139    0.485982    0.762097
>> whos
   Name    Size    Bytes    Class
   A       2×3     48       double array
   B       1×2     32       double array (complex)
   C       1×1     16       double arrays (complex)
   D       2×34    136      char array
   S       2×5     20       char array
Grand total is 87 elements using 252 bytes
```

在使用 str2num 函数时需要注意如下几点:

(1) 被转换的字符串仅能包含数字、小数点、字符"*e*"或者"*d*"、数字的正号或者负号、以及复数虚部字符"i"或者"j",此外不可以包含其他字符。

(2) 使用该字符转换函数时需要注意空格。在本例中转换生成变量 B 和 C 时得到了不同的结果,主要原因是在变量 C 中,字符"6"和字符"−8i"之间不存在空格,而加号"+"和数字 2 之间没有空格,所以转化的结果与生成变量 B 时不同,创建变量 B 的时候,在数字 6、加号"+"和数字 8 之间都存在空格。

(3) 为了避免上述问题,可以使用 str2double 函数,但是该函数仅能转换标量,不能转换矩阵或者数组。

使用 num2str 将数字转换成为字符串时,可以指定字符串所表示的有效数字位数,详细信息可以参阅 MATLAB 的 help 档或者 MATLAB 在线帮助。

● **例 2.51** 数制转换函数的应用。

解:在 MATLAB 命令行窗口中,键入下面的命令:
```
>> d=189;
>> h=dec2hex(d)
   h=
       BD
>> c=dec2base(d,7)
   c=
       360
>> b=dec2bin(d);
   b=
       10111101
>> bin2dec(b)
   ans=
       189
>> whos
   Name    Size    Bytes    Class
   ans     1×1     8        double array
   b       1×8     16       char array
   c       1×3     6        char array
   d       1×1     8        double array
   h       1×2     4        char array
Grand total is 15 elements using 42 bytes
```

在例 2.51 中,使用了部分数制转换的函数,其中比较特殊的一个是 dec2base 函数,它和 base2dec 函数类似,这两个函数的输入参数为两个,第二个参数表示相应的数制,比如在例子 2.51 中调用的函数,是将十进制数据 a 转变成为了七进制数据的字符串。

2.6 单元数据和结构数据

2.6.1 单元数据

单元数据是一种特殊数据类型,可以将单元数据看作为一种无所不包的广义通用矩阵。组成单元数据的元素可以是任何一种数据类型的不同量,每一个元素也可以具有不同的尺寸和内存空间,并且其内容也可以完全不同,所以单元数据的元素叫做单元(cell)。和一般的数值矩阵一样,单元数据的内存空间是动态分配的。与数值数据一致,单元数据的维数不受限制,可以是一维、二维,甚至可以是多维的。访问单元数据的元素可以使用下标方式或者序号标方式。

1. 单元数据的建立

组成单元数据的内容可以是任意类型的数据,所以创建单元数据之前需要创建相应的数据。下面结合具体的实例讲述创建单元数据的方法和步骤。

● **例 2.52** 创建单元数据。

解:在 MATLAB 命令行窗口中,键入下面的命令:

```
>> A={ones(3,3,3),'Welcome';30.34,1:200}
A =
    [3x3x3 double]    'Welcome'
    [    30.3400]    [1x200 double]
>> B=[{ones(3,3,3)},{'Welcome'};{30.34},{1:200}]
B =
    [3x3x3 double]    'Welcome'
    [    30.3400]    [1x200 double]
>> C={5}
C =
    [5]
>> C(2,3)={7}
C =
    [5]     []      []
    []      []      [7]
>> isequal(A,B)
ans =
     1
>> whos
   Name      Size       Bytes      Class
   A         2×2        2078       cell array
   B         2×2        2082       cell array
   C         2×3         152       cell array
```

第2章 MATLAB数据及基本操作

    ans   1×1   1   logical array

Grand total is 489 elements using 4313 bytes

创建单元数据使用"{ }"花括号运算符,由例可见创建单元数据主要有以下几种方法:

(1) 由"{ }"生成单元数据矩阵。其中的各元素只使用原来各自的表示。如在创建数组 A 的时,使用花括号将不同类型和尺寸的数据组合在一起构成了一个单元数据,在这个数组中有标量、多维数组、向量和字符串。

(2) 由"[ ]"生成单元数据矩阵。其中各元素都使用"{ }"括起来,如创建数组 B 时使用了这一方法。但创建的数组 B 和前面创建的数组 A 完全一致,通过 isequal 函数的运行就可以看出。

(3) 利用 cell 函数创建单元数据,如创建数组 C 时使用了这一方法,MATLAB 能够自动扩展数组的尺寸,没有被明确赋值的元素作为空单元数据存在。

必须注意,单元数据占用的内存空间和单元数据的内容相关,不同的单元数据占用的内存空间不尽相同。另外,在显示单元数据内容时,对于内容较多的单元,显示的内容为单元的数据类型和尺寸,例如显示数组 A 时的三维数组和长度为 200 的向量。

一般来说,构成单元数据的数据类型可以是字符串、双精度数、稀疏矩阵、单元数据、结构或其他 MATLAB 数据类型。每一个单元数据也可以为标量、向量、矩阵、N 维数组。

2. 单元数据的基本操作

单元数据的基本操作主要包括对单元数据的访问、修改、单元数据的扩展、收缩或者重组,一般的数值操作的函数可以应用在单元数据的操作上。下面结合具体的示例介绍单元数据的基本操作。

(1) 访问单元数据和单元元素

例 2.53 单元数据和单元元素的访问。

解:(1) 在 MATLAB 命令行窗口中,键入下面的命令:

```
>> A={ones(3,3,3),'Welcome';30.34,1:200};
>> B=A(1,2)
B=
     'Welcome'
>> class(B)
    ans=
        cell
>> whos
    Name      Size       Bytes      Class
     A        2×2        2078       cell array
     B        1×1        74         cell array
    ans       1×4        8          char array
Grand total is 251 elements using 2160 bytes
```

(2) 接(1)在 MATLAB 命令行窗口键入下面的命令:

```
>> C=A{1,2}
   C=
       Welcome
>> class C
   ans=
       char
>> whos
   Name        Size        Bytes       Class
   A           2×2         2078        cell array
   C           1×7         14          char array
   ans         1×4         8           char array
Grand total is 250 elements using 2100 bytes
```

(3) 接(2)在 MATLAB 命令行窗口键入下面的命令：

```
>> D=A{1,2}(6)
   D=
       m
>> E=A{2,2}(end:-1:190)
   E=
       200  199  198  197  196  195  194  193  192  191  190
>> class(E)
   ans=
       double
>> N=A{3}([1 3 5 7])
   N=
       W l o e
>> whos
   Name        Size        Bytes       Class
   A           2×2         2078        cell array
   D           1×1         2           char array
   E           1×11        88          double array
   N           1×4         8           char array
Grand total is 255 elements using 2176 bytes
```

在例 2.53(1)中，使用圆括号"( )"直接访问单元数据的单元，获取的数据也是一个单元数据，尽管从表面上看来已经是字符串，但实际上是单元数据；在例 2.53(2)中，使用花括号"{ }"可以直接获取单元数据的单元内容，和例 2.53(1)比较，变量 B 的类型为单元，但是变量 C 的类型为字符串，这就是访问单元数据的两种操作符——"{ }"和"( )"之间的不同之处；而在 2.53(3)应用中，将"{ }"、"( )"和"[ ]"结合起来访问单元元素的内部成员。特别是创建新变量 N 的时候综合使用了三种括号访问了向量的元素。

(2) 扩充、删除和重组单元数据

第2章 MATLAB数据及基本操作

单元数据的扩充、收缩和重组的方法和数值数组大体相同,具体见下面例子的介绍。

例 2.54 单元数据的扩充。

解:在 MATLAB 命令行窗口中,键入下面的命令:
```
>> A={ones(3,3,3),'Welcome';30.34,1:200};
>> B=cell(2);
>> B(:,1)={char('Good','Morning');1:10}
    B=
        [2×7  char  ]        []
        [1×10 double]        []
>> C=[A,B]
    C=
        [3×3×3 double]   'Welcome'         [2×7  char  ]    []
        [    30.3400]    [1×200 double]    [1×10 double]    []
>> D=[A,B;C]
    D=
        [3×3×3 double]   'Welcome'         [2×7  char  ]    []
        [    30.3400]    [1×200 double]    [1×10 double]    []
        [3×3×3 double]   'Welcome'         [2×7  char  ]    []
        [    30.3400]    [1×200 double]    [1×10 double]    []
>> whos
    Name     Size      Bytes      Class
    A        2×2       2078       cell array
    B        2×2       236        cell array
    C        2×4       2314       cell array
    D        4×4       4628       cell array
Grand total is 1068 elements using 9256 bytes
```

例 2.55 单元数据的删除和重组。

解:接例 2.54,在 MATLAB 命令行窗口键入下面的命令:
```
>> D(4,:)=[]
    D=
        [3×3×3 double]   'Welcome'         [2×7  char  ]    []
        [    30.3400]    [1×200 double]    [1×10 double]    []
        [3×3×3 double]   'Welcome'         [2×7  char  ]    []
>> E=reshape(D,2,3,2)
    E(:,:,1)=
        [3×3×3 double]   [3×3×3 double]    [1×200 double]
        [    30.3400]    'Welcome'         'Welcome'
    E(:,:,2)=
```

```
          [2×7  char]     [2×7 char]       []
          [1×10 double]        []          []
>> whos
   Name      Size        Bytes      Class
   A         2×2         2078       cell array
   B         2×2         236        cell array
   C         2×4         2314       cell array
   D         3×4         2756       cell array
   E         2×3×2       2756       cell array
Grand total is 1172 elements using 10140 bytes
```

从例 2.55 可以看出，MATLAB 的单元数据除了包含的数据类型有所区别外，其他的操作都和一般的数组没有区别。也就是说，操作单元数据时，可以使用针对一般数组的操作方法。

3. 单元数据操作函数

除前面叙述的一般单元数据操作外，MATLAB 还提供了一部分函数对单元数据进行操作，具体见表 2.13。

表 2.13 单元数据的操作函数

函 数 名	含 义
cell	创建空的单元数据
iscell	判断输入是否为单元数据
struct2cell	将结构转变成为单元数据
cell2struct	将单元数据转变成为结构
num2cell	将数值数组转变成为单元数据
mat2cell	将数值矩阵转变成为单元数据
cell2mat	将单元数据转变成为普通的矩阵
cellplot	利用图形方式显示单元数据
celldisp	显示所有单元的内容
cellfun	为单元数据的每个单元执行指定的函数
deal	将输入参数赋值给输出

下面举几个示例来说明部分单元数据函数的使用。

● **例 2.56** cellfun 函数的应用。

解：在 MATLAB 命令行窗口中，输入下面的命令：

```
>> A={randn(3,3,2),'Good',pi;29,4+7*i,zeros(4)}
A =
   [3×3×2 double]      'Good'              [    3.1416]
   [           29]     [4.0000+7.0000i]    [4×4 double]
>> B=cellfun('isreal', A)    % isreal 含义是若单元元素为实数，则返回逻辑真
```

```
B=
    1  1  1
    1  0  1
>> C=cellfun('length',A)         % length 是求单元元素的长度的函数
C=
    3  4  1
    1  1  4
>> whos
    Name    Size    Bytes    Class
    A       2×3     672      cell array
    B       2×3     6        logical array
    C       2×3     48       double array
Grand total is 59 elements using 726 bytes
```

2.6.2 结构数据

结构(struct)是包含一组记录(records)的数据类型,而记录则存储在相应的字段(fields)中。和单元数据类似,结构的字段可以是任意一种 MATLAB 数据类型的变量或者对象。结构类型的变量也可以是一维的、二维的或者多维的数组。不过,在访问结构类型数据的元素时,需要使用下标配合字段的形式。

1. 结构数据的建立

结构数据元素也可以是不同数据的类型,它可以将一组不同属性的数据纳入到统一的变量名下进行管理,具体结构数据的格式为:

◆ 结构数据名.成员名=表达式

创建结构数据对象可以使用两种方法,一种是直接赋值的方法,另外一种方法是利用 struct 函数创建。下面结合具体的操作示例介绍创建结构的方法。

(1) 直接赋值法创建结构

例 2.57 直接赋值法创建结构。

解:(1) 在 MATLAB 命令行窗口中,键入下面的命令:

```
>> Member.code='09021';
>> Member.name='Liu';
>> Member.age=22;
>> Member.grade=uint16(3);
>> whos
    Name     Size    Bytes    Class
    Member   1×1     522      struct array
Grand total is 14 elements using 522 bytes
>> Member
Member=
        code: '09021'
        name: 'Liu'
```

age：22
grade：3

(2) 接(1)在MATLAB命令行窗口中,键入下面的命令:

≫ Member(4).name='Wang';
≫ Member(4).grade=2;
≫ whos

Name	Size	Bytes	Class
Member	1×4	698	struct array

Grand total is 31 elements using 698 bytes

≫ Member(2)

ans=

code：[]
name：[]
age：[]
grade：[]

在上例(1)中,创建了具有一个记录的 Member 结构数据,该数组具有一个元素(记录),结构同时具有四个字段,分别为编号(code)、姓名(name)、年龄(age)和级别(grade),这四个字段分别包含了字符串、双精度和无符号整数数据类型。在上例(2)中,直接对结构数据的第四个记录的两个字段(name 和 grade)进行了赋值,则 MATLAB 将自动扩展结构数据的尺寸,对于没有赋值的字段,则直接创建空数组。

(2) 使用 struct 函数创建结构

利用 struct 函数创建结构的基本语法为:

◆ struct_name=struct(字段1,变量1,字段2,变量2,……,字段n,变量n)
◆ struct_name=struct(字段1,{变量1},字段2,{变量2},……,字段n,{变量n})

● **例 2.58** 利用函数 struct 创建结构。

解:在MATLAB命令行窗口中,键入下面的命令:

≫ Member=struct('code','09021','name','Liu','age',22,'grade',uint16(3))

Member=

code：'09021'
name：'Liu'
age：22
grade：3

≫ whos

Name	Size	Bytes	Class
Member	1×1	522	struct array

Grand total is 14 elements using 522 bytes

≫ Member=struct('code',{'09021', '09034'},'name', {'Liu', 'Wang'}, 'age', {22,24},…'grade', {2,3})

Member=

1×2 struct array with fields:

    code
    name
    age
    grade
≫ whos
  Name   Size   Bytes   Class
  Member 1×2   802   struct array
Grand total is 29 elements using 802 bytes
≫ Member=struct('code',{ },'name',{},'age',{},'grade',{})
 Member=
 0×0 struct array with fields：
    code
    name
    age
    grade
≫ whos
  Name   Size   Bytes   Class
  Member 0×0   256   struct array
Grand total is 0 elements using 256 bytes

本例中示例了使用 struct 函数创建结构的两种方法,而且也演示了利用 struct 函数创建空结构矩阵的方法。

2. 结构的基本操作

对于结构的基本操作其实是对结构数据元素记录的操作。主要有结构记录数据的访问、字段的增加和删除等。该部分结合具体的例子介绍有关结构操作的基本方法。

访问结构数据元素包含记录的方法非常简单,直接使用结构数据的名称和字段的名称以及操作符"."完成相应的操作。不过,在访问结构数据的元素时可以使用所谓的"动态"字段的形式,其基本语法结构为：

 ◆ 结构数据名.成员名(表达式)

其中,表达式可以是字段名称的字符串。利用动态字段形式访问结构数据元素,便于利用函数完成对结构字段数据的重复操作。

● **例 2.59** 结构字段数据的访问。

解：在 MATLAB 命令行窗口中,键入下面的命令：
≫ Member=struct('code',{'09021','09034'},'name',{'Liu','Wang'},'age',
{22,24},…'grade', {2,3},'score',{[78 89;90 68],[91 76;89 97]});
≫ Member   % 检查察看结构字段
 Member=
 1×2 struct array with fields：
    code
    name
    age

```
                grade
                score
>> Member(1).score              % 访问结构记录的数据
   ans=
        78    89
        90    68
>>
>> Member(2).score(2,:)         % 访问结构记录的某一部分数据
   ans=
        89    97
>> Member.code                  % 访问结构某一字段的所有数据
   ans=
        09021
   ans=
        09034
>> Member.('name')              % 使用动态字段形式访问数据
   ans=
        Liu
   ans=
        Wang
```

该例中使用了各种访问结构记录数据的方法,特别是在例子的最后,使用动态字段的形式访问了字段记录的数据。利用这种形式可以通过编写函数对结构记录的数据进行统一的运算操作。有关函数的编写请参阅后续章节的相关内容。

3. 结构操作函数

MATLAB 提供了部分函数用于对结构数据的操作,具体见表 2.14。除了这些函数外,在单元数据部分介绍的一些函数也可以应用在结构数据对象中,下面将结合部分例子说明部分函数的用法。

表 2.14 常用结构操作函数

函 数 名	含 义
struct	创建结构或将其他数据类型转变成结构
fieldnames	获取结构的字段名称
getfield	获取结构字段的数据
setfield	设置结构字段的数据
rmfield	删除结构的指定字段
isfield	判断给定的字符串是否为结构的字段名称
isstruct	判断给定的数据对象是否为结构类型
oderfields	将结构字段排序

例 2.60 结构操作函数的使用示例。

解：在 MATLAB 命令行窗口中，键入下面的命令：
≫ M.name='Liu';M.ID=1;
≫ M(2,2).name='Wang';M(2,2).ID=2;
≫ M2=setfield(M,{2,1},'name','Zhang');
≫ M.name
   ans=
      Liu
   ans=
      []
   ans=
      []
   ans=
      Wang
≫ M2.name
   ans=
      Liu
   ans=
      Zhang
   ans=
      []
   ans=
      Wang
≫ fieldnames(M)
   ans=
      'name'
      'ID'
≫ M3=orderfields(M)
M3=
2×2 struct array with fields：
    ID
    Name

例 2.60 中，主要讲述了 setfield、fieldnames 和 orderfields 函数的使用。setfield 函数是为结构字段进行赋值的函数，对应的可以使用 getfield 函数获取结构字段的数值。利用 setfiled 函数和 struct 函数可以有效地创建结构数据。fieldnames 函数用来获取结构中的字段名称，由字段的名称组成单元数据，其中单元就是字段名称字符串。orderfileds 函数是用来将字段进行排序的，该函数能够将结构的字段按照字符序号排列。例如在例 2.60 中，orderfileds 函数就将字段 ID 和 name 进行了排序，该函数不会修改结构中包含的内容。

有关其他结构函数的详细解释与使用，请用户查阅其他相关资料、MATLAB 的帮助文档或者在线帮助。

习题

1. 在建立矩阵时有几种常用的方法？各有什么优点？
2. 在 MATLAB 中进行运算时，矩阵运算和点运算各有什么要求和区别？
3. 已知 $a=\begin{bmatrix} 3 & 8 & 6 \\ 2 & 9 & 7 \end{bmatrix}$，$b=\begin{bmatrix} 5 & 2 & 6 \\ 3 & 8 & 4 \end{bmatrix}$，计算 a 与 b 的矩阵乘积与点乘积。
4. "左除"与"右除"有什么区别？
5. 对 $AX=B$，如果 $A=\begin{bmatrix} 4 & 9 & 2 \\ 7 & 6 & 4 \\ 3 & 5 & 7 \end{bmatrix}$，$B=\begin{bmatrix} 37 \\ 26 \\ 28 \end{bmatrix}$，求解 X。
6. $a=\begin{bmatrix} 2 & 1 & 4 \\ 5 & 7 & -5 \end{bmatrix}$，$b=\begin{bmatrix} 1 & -6 & 8 \\ 9 & 3 & 3 \end{bmatrix}$，计算 a 与 b 之间的六种关系运算结果。
7. 写出完成下列操作的命令。

   (1) 将矩阵 A 的 3~6 行中第 2、4、6 列元素赋给矩阵 B。

   (2) 删除矩阵 A 的第 5 号元素。

   (3) 将矩阵 A 每个元素的值加 50。

   (4) 求矩阵 A 的大小和维数。

   (5) 将含有 16 个元素的向量 X 转换成 4×4 的矩阵。

   (6) 求一个字符串的 ASCII 码。

   (7) 求一个 ASCII 所对应的字符。

8. 将矩阵 $a=\begin{bmatrix} 4 & 2 \\ 7 & 5 \end{bmatrix}$，$b=\begin{bmatrix} 7 & 1 \\ 8 & 3 \end{bmatrix}$ 和 $c=\begin{bmatrix} 5 & 9 \\ 6 & 2 \end{bmatrix}$ 组合成两个新矩阵：

   (1) 组合成一个 4×3 的矩阵，第一列为按列顺序排列的 a 矩阵元素，第二列为按列顺序排列的 b 矩阵元素，第三列为按列顺序排列的 c 矩阵元素，即
   $$\begin{bmatrix} 4 & 7 & 5 \\ 5 & 8 & 6 \\ 2 & 1 & 9 \\ 7 & 3 & 2 \end{bmatrix}$$

   (2) 按照 a、b、c 的列顺序组合成一个行矢量，即
   $$[4\ 5\ 2\ 7\ 7\ 8\ 1\ 3\ 5\ 6\ 9\ 2]$$

9. 矩阵 $a=\begin{bmatrix} 9 & 1 & 2 \\ 5 & 6 & 3 \\ 8 & 2 & 7 \end{bmatrix}$，分别对 a 进行特征值分解、奇异值分解、LU 分解、QR 分解及 Cholesky 分解。

10. 用结构体矩阵来存储 6 名学生的基本情况，其中每名学生包括学号、姓名、年龄、专业和 5 门课程的成绩。

11. 建立单元矩阵 A 如下：

A{1,1}=1;
A{1,2}='Renming';
A{2,1}=reshape(1:9,3,3);
A{2,2}={13,24,36;21,18,4;4,67,45};
回答下列问题：
(1) size(A)和 ndims(A)分别是多少？
(2) A(2)和 A(4)的值分别是多少？
(3) A(3)=[ ]和 A{3}=[ ]执行后，A 的值分别是多少？

第 3 章　MATLAB 程序设计

在前一章 MATLAB 入门阶段中所有命令都是在交互式命令模式下工作的,这种工作模式是在命令窗口逐条输入命令,系统逐条解释执行命令。这种方式虽然操作简单直观,但速度慢,程序的可读性很差且执行过程难以存储。当对于某些复杂而且反复操作的问题,这种执行方式使人感到很不方便,就应编成可存储的程序文件(称为 M 文件),再让 MATLAB 执行该程序文件,这种工作模式称为程序文件模式。当运行该程序后,MATLAB 就会自动依次执行该文件中的命令,直至全部命令执行完毕。以后需要这些命令时,只需再次运行该程序。

MATLAB 语言,不但可以用命令模式的方式完成操作,而且可以像其他高级程序语言一样具有数据结构、控制结构、输入输出和面向对象编程的能力,适用于各种应用程序设计。与其他高级语言相比,MATLAB 语言具有语法相对简单、使用方便、调试容易等优点。

3.1　M 文件

3.1.1　M 文件的建立与打开

用 MATLAB 语言编写的程序,以 .m 为扩展名,称为 M 文件。M 文件是由若干 MATLAB 命令组合在一起构成的,它可以完成某些操作,也可以实现某种算法。从运行机理上看,MATLAB 是一种类似于 BASIC 的解释性语言,运行的实质是逐句解释执行,所以语法相对简单、易读懂。但也因为如此,运行速度不如 C 语言等编译性语言。不过 MATLAB 的形式、结构、语法规则等方面都远比一般的计算机语言简单,而且由于它本身是由 C 语言开发的,语法规则上有诸多相似之处,对于学习过 C 语言的用户来说,掌握 MATLAB 语法是很轻松的事。

1. 新 M 文件的建立

M 文件是一个文本文件,它可以用任何编辑程序来建立和编辑,而一般常用且最为方便的是使用 MATLAB 提供的文件编辑器。为建立新的 M 文件,启动 MATLAB 文件编辑器有 3 种方法:

(1) 菜单操作。从 MATLAB 主窗口的 File 菜单中选择 New 菜单项,再选择 M-file 命令,屏幕上将出现 MATLAB 文件编辑器窗口,如图 3.1 所示。MATLAB 文件编辑器是一个集编辑与调试两种功能于一体的工作环境。利用它不仅可以完成基本的文本编辑操作,还可以对 M 文件调试。MATLAB 文件编辑器的操作界面与使用方法和其他 windows 编辑器相似。

(2) 命令按钮操作。单击 MATLAB 主窗口工具栏上的 New M-File 按钮,启动

MATLAB 文件编辑器。

(3) 命令操作。在 MATLAB 命令窗口输入命令 edit,启动 MATLAB 文件编辑器。

启动 MATLAB 文件编辑器后,在文档窗口中输入 M 文件的内容,输入完毕后,选择文件编辑器窗口工具栏的保存按钮或 File 菜单下 Save 或 Save As 命令保存。注意,M 文件存放的位置一般是 MATLAB 默认的工作目录 work,当然也可以是别的目录。如果是别的目录,则应该将该目录设定为当前目录或将其加到搜索路径中。

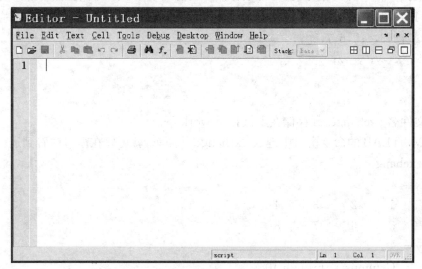

图 3.1　MATLAB 文件编辑器窗口

2. 打开已有的 M 文件

打开已有的 M 文件,也有 3 种方法。

(1) 菜单操作。从 MATLAB 主窗口的 File 菜单中选择 Open 命令,则屏幕出现 Open 对话框,在 Open 对话框中选中所需打开的 M 文件。在文档窗口可以对打开的 M 文件进行编辑修改,编辑完成后,将 M 文件存盘。

(2) 命令按钮操作。单击 MATLAB 主窗口工具栏上的 Open file 命令按钮,再从弹出的对话框中选择所需打开的 M 文件。

(3) 命令操作。在 MATLAB 命令窗口输入命令:edit 文件名,则打开指定的 M 文件。

3.1.2　命令文件与函数文件

M 文件有两种形式,即命令文件(Script file)和函数文件(Function file)。它们有区别也有联系。

1. 命令文件

将本来在 MATLAB 命令窗口下直接输入的语句,放在一个以.m 为后缀的文件中,这一文件就称为命令文件。有了命令文件,可直接在 MATLAB 中输入命令文件名(不含后缀),这时 MATLAB 会打开这一命令文件,并依次执行命令文件中的每一条语句,这与在 MATLAB 中直接输入语句的结果完全一致。命令文件适用于自动执行一系列 MATLAB 命令和函数,避免在命令窗口重复输入。命令文件可以调用工作空间

（Workspace）中已有的变量或创建新的变量，产生的变量都是全局变量。命令文件结束后，只要用户不使用 clear 指令或者关闭命令窗口，这些变量就一直保留在内存空间中。

● **例 3.1**　建立一个将变量 x、y 的值互换的命令文件。

解：首先打开 M 文件编辑器，并输入程序代码如下：

```
% 互换变量 x、y 的值
clear;
x=15:-1:1;
y=[1,2,3,4;5,6,7,8];
z=x; x=y; y=z;
x
y
```

然后以文件名 exchange.m 存储在默认目录 work 下。

只要在 MATLAB 的命令窗口中键入 exchange 并回车，就可以在窗口中看到运行结果。

```
>> exchange
x=
    1    2    3    4
    5    6    7    8
y=
  Columns 1 through 10
   15   14   13   12   11   10    9    8    7    6
  Columns 11 through 15
    5    4    3    2    1
```

当文件执行完毕后，可以用命令 whos 查看工作空间中的变量

```
>> whos
  Name      Size        Bytes       Class
  ans       1×15        120         double array
  x         2×4         64          double array
  y         1×15        120         double array
  z         1×15        120         double array

Grand total is 53 elements using 424 bytes
```

一般情况，命令文件的格式特征如下：

（1）前几行通常是对此程序用途的解释说明，特别是在运行时对用户输入数据的要求，要叙述清楚，不然别人就很难看懂。这部分叫注释行必须用"％"开始，计算机在执行中不予处理。

当在 MATLAB 命令窗口中键入"help 文件名"时，屏幕上会将该文件中以"％"开头的最前面几行解释内容显示出来，使用户知道如何使用，这些注释可以是汉字或英语。

（2）用 clear、close all 等语句开始，清除掉工作空间中原有的变量和图形，以避免其他已执行程序的残留数据对本程序的影响。

（3）程序的主体。如果文件中有全局变量（即在子程序中与主程序共用的变量），应

在程序的开始部分注明。

（4）程序应按 MATLAB 标识符的要求对文件命名。由于命令文件名也是 MATLAB 的调用命令，它不认汉字文件名，所以文件不允许用汉字命名。将文件存入自己确定的子目录中，该子目录应置于 MATLAB 的搜索路径下，所以还应避免出现汉字路径名。

2. 函数文件

（1）函数文件的组成

函数文件是另一种形式的 M 文件，它的第一行以 function 引导，作函数声明。每个函数文件都定义一个函数。函数相当于一个独立的供其他部分调用的功能模块，内部结构对于调用者来说是不需要关心的，仅通过输入输出参数传递数据，内部变量都是局部变量，占用内存在函数执行完毕后释放。实际上，MATLAB 本身提供的很多指令功能就是由函数文件定义和实现的，所以函数文件在 MATLAB 的使用中扮演了更重要的角色。

● **例 3.2** 实现变量互换的功能，并写成函数文件 fexch.m 存储在默认目录。

解：首先打开 M 文件编辑器，并输入程序代码：

function [x,y]=fexch(x,y)
％ 将不同变量的值互换
z=x; x=y; y=z;

将上面的代码保存在文件名为 fexch.m 的文件中，并存储在默认目录 work 下，然后在 MATLAB 的命令窗口调用该函数文件：

```
>> clear;
>> x=15:-1:1;
>> y=[1,2,3,4;5,6,7,8];
>> [a, b]=fexch(x, y)
a=
    1    2    3    4
    5    6    7    8
b=
  Columns 1 through 10
   15   14   13   12   11   10    9    8    7    6
  Columns 11 through 15
    5    4    3    2    1
>> whos
  Name      Size        Bytes       Class
  a         2×4         64          double array
  b         1×15        120         double array
  x         1×15        120         double array
  y         2×4         64          double array
Grand total is 46 elements using 368 bytes
```

一般情况下,函数文件由以下五部分组成:

◆ 函数定义行。文件的第一行非注释行必须以 MATLAB 的关键字 function 开头,并指定函数名,同时也定义了函数的输入输出参数。文件名可以与函数名不同,但函数名应尽可能与函数文件同名。

例如 function $[w,z]$ = fcircle(x,y) 函数文件中,function 为函数定义的关键字,fcircle 为函数名,x、y 为输入形参变量,w、z 为输出形参变量。当函数不含输出变量时,则直接略去输出部分或采用空方括号表示,例如,function printresults(x) 或 function $[\,]$ = printresults(x)。

◆ H1 行。紧跟在定义行之后,以"%"开始是帮助文本的第一行(称为 H1 行)。该行用于总体上说明函数名和函数的功能。它将作为这个函数文件的在线帮助文本,一般包括参数含义,调用格式等。H1 行不仅可以由 help function_name 命令显示,而且 lookfor 命令只在 H1 行内进行搜索,因此这一行内容提供了这个函数的重要信息。例如,在命令窗口提示符下输入 >> help max 则可以看到 H1 行信息:% MAX Largest component。

◆ 帮助文本。帮助文本是 H1 行与函数体之间的帮助内容,也是以"%"开始,用于详细介绍函数的功能和用法以及其他说明,例如:在命令窗口提示符下输入 >> help max 可以看到帮助信息:

% For vectors, MAX(X) is the largest element in X. For matrices, MAX(X) is a row vector containing the maximum element from each column. For N-D arrays, MAX(X) operates along the first non-singleton dimension.
……

◆ 函数体部分。函数体是函数的主体部分,函数体中包括该函数的全部程序代码,在函数体中可以包括流程控制、输入输出、计算、赋值、注释、图形功能以及对其他函数和命令文件的调用。

◆ 注释。除了函数文件开始部分的帮助文本外,可以在函数文件的任何位置添加注释语句,注释语句可以在一行的开始,也可以跟在一条可执行语句的后面(同一行中),不管在何处,注释语句必须以"%"开始,MATLAB 在执行 M 文件时将每一行中"%"后面的内容全部作为注释,不予以执行。

除非用全局声明,程序中的变量均为局部变量,不保存在工作空间中。与其他编程语言一样,培养良好的编程风格是非常重要的,其中必须要有必要的注释。

由此可见命令文件和函数文件有以下主要的区别:

◆ 命令文件没有输入参数,也不返回输出参数,而函数文件可以带输入参数,也可返回输出参数。

◆ 命令文件对 MATLAB 工作空间中的变量进行操作,文件中所有命令的执行结果也返回到工作空间中,而函数文件中定义的变量为局部变量,当函数文件执行完毕时,这些变量被清除。

◆ 命令文件可以直接运行,在 MATLAB 命令窗口输入命令文件的名字,就会顺序执行命令文件中的命令,而函数文件不能直接运行,而要以函数调用的方式来调用它。

第3章 MATLAB程序设计

（2）函数的调用

当函数文件编制好后，就可调用函数进行计算。函数调用的一般格式是：

◆ [输出实参表]=函数名(输入实参表)

要注意的是，函数调用时各实参出现的顺序、个数，应与函数定义时形参的顺序、个数一致，否则会出错。函数调用时，先将实参传递给相应的形参，从而实现参数传递，然后再执行函数的功能。

例 3.3 利用函数文件，通过 $\rho=\sqrt{x^2+y^2}$ 和 $\theta=\arctan\left(\dfrac{y}{x}\right)$ 关系，实现直角坐标(x, y)与极坐标之间的转换。

解： 在 M 文件编辑器下建立如下函数文件 tran.m：

```
function [rho, theta]=tran(x, y)
%TRAN       将直角坐标转换为极坐标
% x, y      直角坐标
% rho, theta 极坐标
% p         2010年6月编写
rho=sqrt(x*x+y*y);
theta=atan(y/x);
```

调用 tran.m 的命令文件 main.m：

```
x=input('Please input x=:');
y=input('Please input y=:');
[rho,theta]=tran(x,y);
```

也可以直接在命令窗口直接按[rho,theta]=tran(x, y);格式进行调用，例如：

≫ [w, z]=tran(3, 4)

回车后可以输出

w=

    5

z=

    0.9273

在 MATLAB 中，函数可以嵌套调用，即一个函数可以调用别的函数，甚至调用它自身。一个函数调用它自身称为函数的递归调用。具体相关应用用户可参阅相关资料。

（3）函数参数的可调性

MATLAB 在函数调用上有一个与一般高级语言不同之处，就是函数所传递参数数目的可调性。凭借这一点，一个函数可完成多种功能。

在调用函数时，MATLAB 用两个预定义变量 nargin 和 nargout 分别记录调用该函数时的输入实参和输出实参的个数。只要在函数文件中包含这两个变量，就可以准确地知道该函数文件被调用时的输入、输出参数个数，从而决定函数如何进行处理。

例 3.4 nargin 用法示例。

解： 函数文件 example1.m：

```
function fout=charray(a,b,c)
```

```
        if nargin==1
            fout=a;
        elseif nargin==2
            fout=a+b;
        elseif nargin==3
            fout=(a*b*c)/2;
        end
```
命令文件 mydemo.m：
```
x=[1:3];
y=[1;2;3];
example1(x)
example1(x,y')
example1(x,y,3)
```
执行 mydemo.m 后的输出是：
```
ans=
     1    2    3
ans=
     2    4    6
ans=
    21
```

在命令文件 mydemo.m 中，3 次调用函数文件 example1.m，因输入参数的个数分别是 1 个、2 个、3 个，从而执行不同的操作，返回不同的函数值。

3.1.3 局部变量与全局变量

在函数工作空间中，变量一般有三类：

◆ 由调用函数传递输入和输出数据的变量。

◆ 在函数内临时产生的变量（局部变量）。

◆ 由调用函数空间、基本工作空间或其他函数工作空间提供的全局变量。

每一个由 M 文件定义的 MATLAB 函数都拥有自己的局部变量，这些变量是独立的，与其他函数文件及 MATLAB 工作空间相互隔离，即在一个函数文件中定义的变量不能被另一个函数文件引用。如果在若干函数中，都把某一变量定义为全局变量，那么这些函数将共用这个变量。全局变量的作用域是整个 MATLAB 工作空间，即全程有效，所有的函数都可以对它进行存取和修改。因此，定义全局变量是函数间传递信息的一种手段。

全局变量用全局命令定义，格式为：

global 变量名1 变量名2

例 3.5 全局变量应用示例。

解：先建立函数文件 weight.m，该函数将输入的参数加权相加：

```
function f=weight(x,y)
```

```
    global alpha beta
    f=alpha*(x)^2+beta*(y)^2;
```
则在命令窗口中输入：
```
    global alpha beta
    alpha=3;
    beta=4;
    w=weight(2,5)
```
输出为：
```
    w=
        112
```

由于在函数 weight 和基本工作空间中都把 alpha 和 beta 两个变量定义为全局变量，所以只要在命令窗口中改变 alpha 和 beta 的值，就可改变加权值，而无需修改 weight.m 文件。

在实际编程时，可在所有需要调用全局变量的函数里定义全局变量，这样就可实现数据共享。为了在基本工作空间中使用全局变量，也要定义全局变量。在函数文件里，全局变量的定义语句应放在变量使用之前，为了便于了解所有的全局变量，一般把全局变量的定义语句放在文件的前部。

值得指出，在程序设计中，全局变量固然可以带来某些方便，但却破坏了函数对变量的封装，降低了程序的可读性。因而，在结构化程序设计中，全局变量是不受欢迎的。尤其当程序较大、子程序较多时，全局变量将给程序调试和维护带来不便，故不提倡使用全局变量。如果一定要用全局变量，最好给它起一个能反应变量含义的名字，以免和其他变量混淆。

3.2　M 文件的程序控制

结构化的程序设计一般分为顺序、循环和分支三种结构，MATLAB 中除了按正常顺序执行程序中的命令和函数以外，还提供了 8 种控制程序流程的语句，这些语句包括 for、while、if、switch、try、continue、break、return 等。

3.2.1　顺序结构

顺序结构是指按照程序中语句的排列顺序依次执行，直到程序的最后一个语句。这是最简单的一种程序结构。一般涉及数据的输入、数据的计算或处理、数据的输出等内容。

1. 数据的输入

从键盘输入数据，则可以使用 input 函数来进行，该函数的调用格式为：

X=input(提示信息,选项)；

其中提示信息为一个字符串，用于提示用户输入什么样的数据。例如，从键盘输入"输入向量'X'"，可以采用下面的命令来完成：

≫ X=input('输入向量 X:')；

执行该语句时，首先在屏幕上显示提示信息"输入向量 X:"，然后等待用户从键盘按

MATLAB 规定的格式输入向量 X 的值。

如果在 input 函数调用时采用'S'选项,则允许用户输入一个字符串。

2. 数据的输出

MATLAB 提供的命令窗口输出函数主要有 disp 函数,其调用格式为:

disp(输出项)

其中输出项既可以为字符串,也可以为矩阵。例如:

>> X='Good Morning';

>> disp(X)

Good Morning

又如:

>> A=[1,2,3;4,5,6;7,8,9];

>> disp(A)

  1 2 3

  4 5 6

  7 8 9

注意:和前面介绍的矩阵显示方式不同,用 disp 函数显示矩阵时将不显示矩阵的名字,而且其输出格式更紧凑,且不留任何没有意义的空行。

● **例 3.6** 求一元二次方程 $ax^2+bx+c=0$ 的根。

解:在 M 文件编辑器中输入如下代码,并以 solution.m 存盘

```
a=input('a=?');
b=input('b=?');
c=input('c=?');
d=b*b-4*a*c;
x=[(-b+sqrt(d))/(2*a),(-b-sqrt(d))/(2*a)];
disp(['x1=',num2str(x(1)),',x2=',num2str(x(2))])
```

然后在命令窗口中运行

>> solution

a=? 2

b=? 4

c=? 6

x1=-1+1.4142i, x2=-1-1.4142i

再运行一次会有

>> solution

a=? 4

b=? 78

c=? 54

x1=-0.7188,x2=-18.7812

3.2.2 条件结构

条件控制语句用于实现根据条件选择需要执行的程序。如果基于一个条件的真或

第3章 MATLAB程序设计

假来选择执行某段程序,则使用if语句;如果要根据多种可能存在的条件来选择执行某段程序,则使用switch语句。

1. if语句

在MATLAB中,if语句有3种格式。

(1) if-end语句

语句格式:
  if 条件
    语句体
  end

当条件成立时,执行语句体,执行完之后继续执行if语句end后的语句,若条件不成立,则直接执行end后的语句。

(2) if-else-end语句

语句格式:
  if 条件
    语句体1
  else
    语句体2
  end

当条件成立时,执行语句体1,否则执行语句体2,语句体1或语句体2执行后,再执行if语句end后的语句。

(3) if-elseif-end语句

语句格式:
  if 条件1
    语句体1
  elseif 条件2
    语句体2
  ……
  elseif 条件m
    语句体m
  else
    语句组n
  end

语句流程图如图3.2所示,可用于实现多分支选择结构。

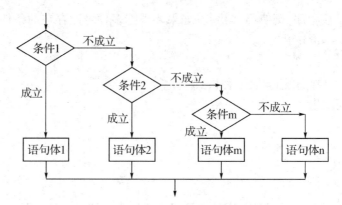

图 3.2 多分支 if 语句的流程图

● 例 3.7　检测输入值是否为 -1、0、1。

解：在命令窗输入：
≫ x=input('请输入 x 的值：');
　if x==-1
　　　disp('negative one');
　elseif x==0
　　　disp('zeroc');
　elseif　x==1
　　　disp('positive one');
　else
　　　disp('other value');
　end
运行后有如下结果
≫ 请输入 x 的值：-1
　negative one
当再次运行后就有
≫ 请输入 x 的值：4
　other value

2. switch 语句

Switch-case-end 语句根据表达式的取值不同，分别执行不同的语句，其语句格式为：
switch 语句的一般调用格式为
switch 表达式
case 表达式值 1
　　　语句体 1
case 表达式值 2
　　　语句体 2
……
　　otherwise
　　　语句体 n

end

当 switch 后的表达式取值为某个 case 之后的取值时,程序将执行该 case 之下的语句体。如果找到第一个满足表达式取值的 case,其他的 case 语句将不再执行;如果没有满足表达式取值的 case,则执行 otherwise 之下的语句体。其执行过程与 if-elseif-end 语句的执行过程相类似。

switch 语句后面的表达式应为一个标量或一个字符串,case 子句后面的表达式不仅可以为一个标量或一个字符串,而且还可以为一个单元矩阵。如果 case 后面的表达式为一个单元矩阵,则表达式的值等于该单元矩阵中的某个元素时,执行相应的语句组。

● **例 3.8** 一大型商场对顾客购买商品实行打折让利销售,具体执行如下让利标准:购买商品的价格用 P 表示,当 $P<200$ 时,不打折;当 $200 \leqslant P<500$,4% 的折扣;当 $500 \leqslant P<1\,000$,6% 的折扣;$1\,000 \leqslant P<3\,000$,8% 的折扣;当 $3\,000 \leqslant P<5\,000$,10% 的折扣;当 $5\,000 \leqslant P$,15% 的折扣,当顾客购买不同价格的商品时,求其实际销售价格。

解:程序如下:
```
≫ P=input('输入商品价格:');
  switch floor(P/100)
      case {0,1}
          rate=0;
      case {2,3,4}
          rate=4/100;
      case num2cell(5:9)
          rate=6/100;
      case num2cell(10:29)
          rate=8/100;
      case num2cell(30:49)
          rate=10/100;
      otherwise
          rate=15/100;
  end
          P=P*(1-rate)
```
运行结果(1)是:
输入商品价格:40
　P=
　　40
运行结果(2)是:
输入商品价格:300
　P=
　　288
运行结果(3)是:
输入商品价格:5100
　P=
　　4335

3.2.3 循环结构

在实际问题中会遇到许多有规律的重复运算,因此在程序设计中需要将某些语句重复执行。一组被重复执行的语句称为循环体,每循环一次,都必须做出是否继续重复的决定,这个依据的条件称为循环的终止条件。MATLAB 提供了两种循环结构:for…end 结构和 while…end 结构。这两种语句结构不完全相同,各有各的特色。

1. for 循环语句

for 语句为计数循环语句,使用较为灵活,一般用于循环次数已经确定的情况。其格式为:

  for 变量=表达式1:表达式2:表达式3
    循环体语句
  end

其中,表达式 1 的值为循环的初值,表达式 2 的值为步长,表达式 3 的值为循环的终值。如果省略表达式 2,则默认步长为 1。

for 语句的执行过程如图 3.3 所示。首先计算 3 个表达式的值,再将表达式 1 的值赋给循环变量,如果此时循环变量的值介于表达式 1 和表达式 3 的值之间,则执行循环体语句,否则结束循环的执行。执行完一次循环之后,循环变量自增一个表达式 2 的值,然后再判断循环变量的值是否介于表达式 1 和表达式 3 之间,如果是,仍然执行循环体,直至条件不满足这时将结束 for 语句的执行,而继续执行 for 语句后面的语句。

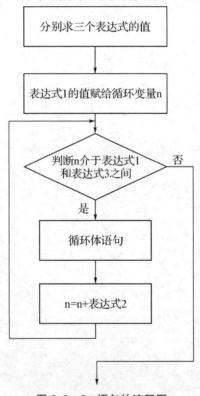

图 3.3 for 语句的流程图

for 语句允许嵌套。在程序里,每一个 for 关键字必须和一个 end 关键字配对,否则出错。

● 例 3.9 已知 $y=1+2+\cdots+n$，利用 for 语句求解当 $n=1000$ 时，y 的值。

解：程序如下：
y=0；N=1000
   for n=1：N；
      y=y+n；
   end
     y
输出结果为：
    y=
     500500

在例子 3.9 中，使用了确定次数的 for 循环结构，循环次数使用行向量进行控制，而且索引值 n 按照默认的数值 1 进行递增。

在 for 循环语句中，不仅可以使用行向量进行循环迭代的处理，也可以使用矩阵作为循环次数的控制变量，这时循环的索引值将直接使用矩阵的每一列，循环的次数为矩阵的列数，可形成 for 语句更一般的格式：

for 循环变量=矩阵表达式
    循环体语句
end

实际上，"表达式 1：表达式 2：表达式 3"是一个仅为一行的矩阵（行向量），因而列向量是单个数据。具体使用例子参见例 3.10～3.11。

● 例 3.10 for 循环示例。

解：程序如下：
A=rand(4,5)；
for i=A
   sum=mean(i)
end
运行的结果为：
sum=
   0.5605
sum=
   0.7891
sum=
   0.3084
sum=
   0.2860
sum=
   0.3083

例 3.11 已知 5 个学生 4 门功课的成绩，求每名学生的总成绩。

解：程序如下：

```
S=0；
A=[65,76,56,78;98,83,74,85;76,67,78,79;98,58,42,73;67,89,76,87];
for K=A
    S=S+K；
end
disp(S')
```

运行的结果为：

275   340   300   271   319

2. while 循环语句

while 语句是条件循环语句，一般用于事先不能确定循环次数的情况。while 循环使语句体在逻辑条件控制下重复不确定次，直到循环条件不成立为止。其格式为：

while 表达式

    循环体语句

    end

while 语句与 for 语句不同，其流程图如图 3.4。每次循环前要判别其表达式，当表达式的值为真时，执行语句体；当表达式的值为假时，终止该循环。while 和 end 必须配对使用。

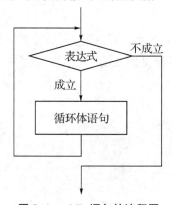

图 3.4　while 语句的流程图

例 3.12 已知求 $y=\dfrac{1}{1^2}+\dfrac{1}{2^2}+\cdots+\dfrac{1}{n^2}$ 的表达式，当 $n=100$ 时，求 y 的值。

解：程序如下：

```
y=0；n=1；
while n<=100
    y=y+1/n/n；
    n=n+1；
end
y
```

输出结果为：

第3章 MATLAB程序设计

　　y=
　　　1.6350

● 例 3.13　求出一个值 n，使其 $n!$ 最大但小于 10^{60}。

解：程序如下：
```
p=1；  k=1；
while  p<1e60
  p=p*k；  k=k+1；
end
k=k-1；  r=p./k；  k=k-1；
disp(['The ', num2str(k), '! is ', num2str(r)])
```
输出结果为：
　　The 47! is 2.586232e+59

说明 47! 小于 10^{60}，且可取最大值。

3. 循环的嵌套

如果一个循环语句的循环体中又包含一个循环结构，就称为循环的嵌套，或称为多重循环结构。实现多重循环结构仍用前基本的循环语句。因为任一循环语句的循环体部分都可以包含另一个循环语句，这种循环语句的嵌套为实现多重循环提供了方便。

多重循环的嵌套层数可以是任意的。一般按照嵌套层数，分别称做二重循环、三重循环等。处于内部的循环称做内循环，处于外部的循环称做外循环。在设计多重循环时，要特别注意内、外循环之间的关系，以及各语句放置的位置，不能搞错。

● 例 3.14　利用 rand 函数产生 10 个随机数，然后利用循环嵌套进行从大到小排序。

解：程序如下：
```
w=rand(1,10)；
x=fix(100*w)；
disp(x)
n=length(x)；
for i=1:n-1
  for j=n:-1:i+1
    if x(j)>x(j-1)
      y=x(j)； x(j)=x(j-1)； x(j-1)=y；
    end
  end
end
disp(x)
```
执行后得到排序前和排序后的结果：

　　61　79　92　73　17　40　93　91　41　89
　　93　92　91　89　79　73　61　41　40　17

3.2.4 其他流程控制语句

1. continue 语句和 break 语句

continue 语句用于在 for 循环和 while 循环中跳过某些执行语句。在 for 循环和 while 循环中,如果出现 continue 语句,则跳过循环体中所有剩余的语句,继续下一次循环,嵌套循环中,continue 控制执行本嵌套中的下一次循环。

break 语句也用于终止 for 循环和 while 循环的执行。如果遇到 break 语句,则退出循环体,执行循环体的下一行语句。在嵌套循环中,break 只存在于最内层的循环中。

例 3.15 试求在 100 到 300 之间第一个能被 13 整除的整数。

解:程序如下:

```
for k=100:300;
    if rem(k,13)~=0
        continue;
    end
    break;
end
    k
```

执行程序后输出结果为:

k=
    104

2. 错误控制 try 语句

错误控制语句 try-catch-end 的作用是在 try 之下的一个语句出现错误时跳出该语句体并执行 catch 语句体,其基本调用格式为

```
try
    语句体 1
catch
    语句体 2
end
```

try 语句先试探性执行语句体 1,如果语句体 1 在执行过程中出现错误,则将错误信息赋给保留的 lasterr 变量,并转去执行语句组 2。当 lasterr 函数查询最后的错误信息,查询结果为空字符串时表示语句体 1 成功执行。

例 3.16 错误控制判断。

解:在命令窗输入:

```
>> n=4;
    A=eye(3);
    try
        an=A(n,:);
    catch
        an=A(end,:);
```

        end
        lasterr
运行结果：
        an=
                0   0   1
        ans=
            Index exceeds matrix dimension.
    3. 程序终止 return 语句
    程序终止语句 return 用于终止当前的命令序列,并返回正在被调用的函数,也可以用于终止 keyboard 方式。在 MATLAB 中,被调用的函数运行结束后会自动返回到调用函数,使用 return 语句时将 return 插入被调用函数的某一位置,根据某种条件迫使被调用函数提前结束并返回调用函数。
    例如在计算行列式的函数 det.m 中,利用程序终止语句 return 对于输入矩阵为空的情况做了如下处理(即令空矩阵的行列式值为 1 并返回该函数):
在 M 文件编辑器中输入语句
function d=det(A)   %定义函数,det 为计算矩阵 A 的行列式的函数
if isempty(A)   %如果矩阵是空的
    d=1;
    return   %返回调用函数
else
……
end

3.3 M 文件调试

编写 M 文件的过程中不免出现错误,调试错误的过程与编写程序的过程同样重要,因此掌握一定的调试技巧,对于提高编程效率是大有益处的。MATLAB 提供了相应的程序调试功能,既可以通过文本编辑器对 M 文件进行调试,又可以在命令窗口结合具体的命令进行调试。

3.3.1 一般调试过程

一般来说,应用程序的错误有两类,一类是语法错误,另一类是运行时错误。其中,语法错误包括了词法或者文法的错误,例如函数名称的错误拼写等,而运行时错误是指那些程序运行过程得到的结果不是用户需要的情况。不过不论是哪一种错误,都必须在开发的过程中将其找出,并且修正。由于 M 文件是一种解释型语言,语法错误和运行时错误多数都是在运行过程中才能发现,所以程序的调试往往是在程序无法得到正确结果时进行程序修正的重要手段,特别是在早期版本的 MATLAB 中,程序调试是修正错误的唯一手段。

1. 语法错误的调试

随着 MATLAB 版本的不断升级,发现定位 M 语言语法错误的手段也越来越丰富。新版本的 MATLAB 提供的 M 语言编辑器能够在代码编写过程中针对其中的语法错误进行分析,并且会通过编辑器来提示相应的错误信息,这一点在前面的一些例子中已经讨论过了,其实这也是一种辅助的代码调试手段。例如,当输入如下程序并运行时:

```
x=0:8;
y=x*sin(x)
```

系统会给出错误信息:

```
??? Error using==> mtimes
Inner matrix dimensions must agree.
Error in==> expmle at 2
y=x*sin(x)
```

很明显可以看出程序在第二行的中,不能采用"*"运算符,通过分析 MATLAB 给出的错误信息,不难排除程序中的语法错误,应该采用".*"运算符。

另外,可以检查所调用的函数或命令的拼写是否正确,括号(包括方括号和圆括号)是否配对,各种流程控制语句是否匹配(如 for 与 end、while 与 end、switch 与 end 等)。

2. 运行错误的调试

当程序运行中发生错误时,虽然不会停止程序的执行,也不显示出错误位置,但无法得到正确的执行结果。由于在程序执行结束或者因出错而返回到基本工作空间时,才知道发生了运行错误,这时各个函数的局部工作空间已关闭,因此也就失去了查找出错原因的基础,为查找运行错误,可采用下列技术:

(1)检查所调用的函数或载入的数据文件是否在当前目录或搜索路径上。

(2)在运行错误可能发生的 M 函数文件中,删去某些语句句末的分号,这样可显示出一些中间计算结果,从中可发现一些问题。

(3)在 M 文件的适当位置加上 keyboard 语句,当执行到这条语句时,MATLAB 会暂停执行,并将控制权交给用户,这时我们可检查和修改局部工作空间的内容,从中找到出错的线索。利用 return 命令可恢复程序的执行。

(4)注释 M 函数文件中的函数定义行,即在该行之前加上%,将 M 函数文件转变成命令文件,这样,在程序运行出错时就可查看 M 文件中产生的变量。

(5)使用 MATLAB 调试器可查找 MATLAB 程序的运行错误,因为它允许用户访问函数空间,可设置和清除运行断点,还可以单步执行 M 文件,这些功能都有助于找到出错的位置。

(6)利用 echo 命令,可以在运行时将文件的内容显示在屏幕上。echo on 用于显示命令文件的执行过程,但不显示被调用函数文件的内容,如果希望检查函数文件中的内容,用 echo Function name on 显示文件名为"Function name"的函数文件的执行过程。echo off 用于关闭命令文件的执行过程显示,echo Function name off 用于关闭函数文件的执行过程显示。

如果函数文件规模较大,文件嵌套复杂,或调用较多的函数时,可以借助于专门的调试工具—程序调试器(Debugger)。

3.3.2 编辑功能和调试功能

MATLAB 的 M 文件编辑器除了能编辑修改文件外,还能对程序进行调试。通过调试菜单,可以查看和修改函数工作空间中的变量,从而准确地找到运行错误。通过调试菜单设置断点可以使程序运行到某一行暂停运行,这时可以查看和修改各个工作空间中的变量。通过调试菜单可以一行一行地运行程序。图 3.5 编辑器窗口。在该窗口的菜单中有许多通用的菜单选项,与其他软件的使用方法相似,这里就不逐一介绍,下面介绍几个有特定功能的菜单项。

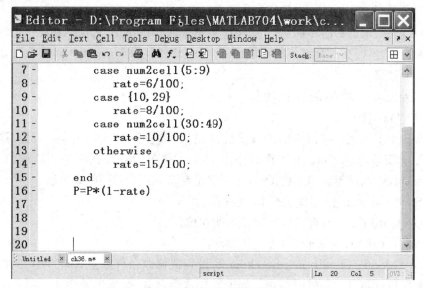

图 3.5 MATLAB 编辑器

Edit 菜单中有一组特别的操作,用于程序行的查找,这对程序开发过程中内容的查找和修改是非常有用的。

1. "Go To…"选项

选定"Go To…"选项时,会弹出如图 3.6 所示的对话框,输入行号并单击 OK 后,光标自动移到指定的行上,并将该行作为当前行。

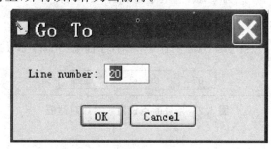

图 3.6 "Go To…"对话框

2. "Set/Clear Bookmark"选项

可以选定"Set/Clear Bookmark"选项来设置或消除书签。首先将光标移到想要设置书签的行上,然后选择该项,在光标所在的程序行前面就会出现一个蓝色的矩形标记,这

就是 MATLAB 中 M 文件的书签标记。一个程序中可以设置多个书签标记,通过选择菜单中的"Next Bookmark"选项或"Prev Bookmark"选项,可以找到光标所在位置的后一个或前一个书签所在的行。如果要清除书签标记,只要将光标移到要清除书签的程序行上,再选择一次"Set/Clear Bookmark"选项,书签标记就消失了。

设置书签的目的是为了查找程序中某些内容所在的位置,书签只按程序内容标识,而不是按行号标识,如果在书签前面的位置添加或删除程序行时,书签标记会随着程序的内容而移动,这一点与通过行号去查找程序的方法是不同的。

3. 注释行

注释行只用来说明而不能执行。Text 菜单中的 Comment 选项的功能可以将选定的行设置为注释行,即在所有选定的行前面加上一个"%",而 Uncomment 选项则在选定行中去掉一个"%"。

4. Debug 菜单和调试快捷键

(1) Debug 菜单

Debug(调试) 菜单和对应的调试快捷键是用来进行程序调试的,编辑器/调试器窗口中 Debug 菜单与 MATLAB 主窗口中的 Debug 菜单大部分选项是相同的,具体见表 1.5。但编辑器/调试器窗口下的 Debug 菜单还有以下几个不同的菜单项:

◆ Save and Run:保存并运行 M 文件。

◆ Go Until Cursor:直接运行到光标所在位置。

◆ Set/Clear Breakpoint:设置或清除断点。

◆ Set/Modify Conditional Breakpoint:设置或修改条件断点,条件断点的设定可以使得程序在执行到设定条件时停止。如果选择这个命令,会弹出如图 3.7 所示的条件断点设置或修改对话框。

◆ Enable/Disable Breakpoint:使断点有效或者清除断点。

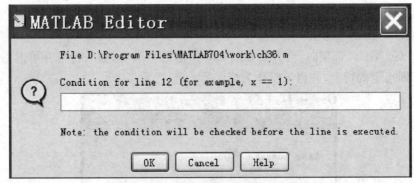

图 3.7　条件断点设置或修改对话框

(2) 调试快捷键

在编辑器窗口的工具栏中除了一些常规的快捷键外,还提供了如图 3.8 所示 7 个与 Debug 菜单项相对应的调试快捷键,其功能分别是:

图 3.8　调试功能快捷键

第 3 章　MATLAB 程序设计

表 3.1　调试快捷键功能

快捷按钮	功　　能
	Set/Clear Breakpoint(设置或清除断点)
	Clear Breakpoints in All Files(清除所有断点)
	Step(不进入函数的程序单步运行)
	Step In(进入函数的程序单步运行)
	Step Out(停止单步运行程序)
	Run(存储文件并开始运行,如果文件是已经存储过的,该键直接运行)
	Exit Debug Mode(退出程序调试模式)

(3) M 文件调试举例

例 3.17　设 $f(x)=e^{-0.5x}\sin\left(x+\dfrac{\pi}{6}\right)$ 求积分 $s=\int_0^{3\pi}f(x)dx$,具体程序如图 3.9 编辑器窗口所示,程序函数文件名为 example2.m,试设置断点来控制程序执行。

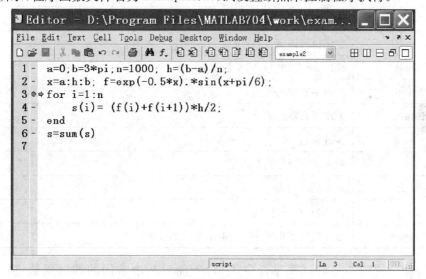

图 3.9　通过断点控制程序的运行

解:求函数的 $f(x)$ 在 $[a,b]$ 上的定积分,其几何意义就是求曲线 $y=f(x)$ 与直线 $x=a$、$x=b$、$y=0$ 所围成的曲边梯形的面积。调试步骤如下:

(1) 在 for 语句处设置断点:将插入点移至 for 语句所在行,选择 Debug 菜单的 Set/Clear Breakpoint 命令,则在该行前面有一个红色圆点,程序运行时,将在断点处暂停。

(2) 运行程序,检查中间结果。单击快捷按钮或在命令窗口输入命令:

example2

当程序运行到断点处时,在断点和文本之间将会出现一个绿色箭头,表示程序运行至此停止,如图3.9所示。

在窗口命令的K≫后输入变量名,检查变量的值。据此,可以分析判断程序的正确性。

(3)选择Debug菜单中的Continue命令,程序继续运行,在断点处又暂停,这时又可输入变量名,检查变量的值。如此重复,一直到发现问题为止。

(4)切换工作空间,结束对程序的调试。打开编辑窗口中的stack下拉列表框,从中选择Base,即将工作空间切换到主工作空间。然后选择Debug菜单中的Set/Clear Breakpoint命令清除已设置的断点,这时在最后一行前面的红色圆点去除,绿色箭头变为白色箭头。再选择Debug菜单中的Continue命令,去除白色箭头,完成调试。

3.3.3 调试函数

除了采用调试菜单调试M文件外,也可以用命令函数模式调试M文件,不仅快速便捷、功能强大,而且具有较好的通用性,适合于各种不同的平台。表3.2列出了M文件的常用调试函数。

表3.2 常用调试函数

命令函数	功能描述
dbstop	设置断点
dbclear	清除断点
dbcont	继续执行调试
dbmex	调试mex文件(UNIX系统下)
dbstack	列出函数调用关系
dbstatus	列出所有断点情况
dbstep	步进执行
dbtype	列出带有行号的M文件
dbquit	退出调试模式
dbup	改变当前工作区间
dbdown	改变当前工作区间(同dbup相反的过程)

表中命令的功能和调试菜单命令类似,下面对几个常用的调试函数进行具体的介绍。

1. dbstop函数

dbstop函数用于在M文件中设置断点,其调用格式如下:

◆ dbstop in MFILE at LINENO:在M文件MFILE的第LINENO行处设置断点。这里的LINENO处若为注释,则断点设为该段注释结束后的下一行程序段。

◆ dbstop in MFILE at LINENO@N:设置程序在执行到MFILE的第LINENO行,第N个匿名函数处停止。

第3章 MATLAB程序设计

◆ dbstop in MFILE at LINENO@N if EXPRESSION：如果 EXPRESSION 为真，则设置 dbstop in MFILE at LINENO@N。

◆ dbstop if error：当执行 M 文件遇到错误时，停止运行程序到产生错误的行，并使程序进入调试状态。这里的错误不包括 try…catch 语句中检测到的错误，用户不能再运行产生错误行以后的程序。

◆ dbstop if catch error：基本同上，不同的是这里包括 try…catch 语句中检测到的错误。

◆ dbstop if error identifier：当程序遇到信息为 identifier 的错误时，程序停止在产生错误的行，其他同命令 dbstop if error。

◆ dbstop if warning：当执行 M 文件遇到警告时，程序暂停在产生错误的行并进入调试状态。执行此命令后可以用 dbcont 或 dbstep 恢复执行程序。

◆ dbstop if naninf 或 dbstop if infnan：当执行 M 文件遇到无穷值或者非数值时，程序暂停并进入调试状态。

2. dbclear 函数

dbclear 函数用于清除 M 文件中的断点，其调用格式如下：

◆ dbclear all：清除所有 M 文件中的断点。

◆ dbclear in MFILE：清除 MFILE 文件中的所有断点。

◆ dbclear in MFILE at LINENO：清除 MFILE 文件中第 LINETO 行的断点。

◆ dbclear in MFILE at LINENO@N：清除 MFILE 文件第 LINENO 行，第 N 个匿名函数中设置的断点。

◆ dbclear in MFILE at SUBFUN：清除在 MFILE 文件子函数 SUBFUN 中的所有断点。

◆ dbclear if error：清除由命令 dbstop if error 或 dbstop if error identifier 设置的断点。

◆ dbclear if caught error：清除由命令 dbstop if caught error 或 dbstop if caught error identifier 设置的断点。

◆ dbclear if warning：清除由命令 dbstop if warning 或 dbstop if warning identifier 设置的断点。

◆ dbclear if naninf 或 dbclear if infnan：清除由命令 dbstop if naninf 或 dbstop if infnan 设置的断点。

3. dbcont 函数

dbcont 函数用于从断点处恢复继续执行程序，直到遇到下一个断点或者错误，或者程序执行完毕返回基本工作区间，其调用格式为 dbcont。

4. dbstep 函数

dbstep 函数用于从当前断点处恢复，步进地执行程序，其调用格式如下：

◆ dbstep：执行当前断点处的下一行程序。dbstep 会忽略当前行所调用函数中的断点。

◆ dbstep NLINES：该命令将执行到当前断点所在行的下 NLINES 行程序处，若中间程序行有断点，则执行到断点处。

◆ dbstep in：执行下一行程序，若此行有函数的调用，则进入该函数内部，否则同dbstep。

◆ dbstep out：该命令运行完函数的剩余部分，程序停留在离开函数处。

5. dbstatus 函数

dbstatus 函数用于查看所有断点的情况，其调用格式如下：

◆ dbstatus：列出所有文件中的断点。

◆ dbstatus MFILE：列出 MFILE 文件中所有的断点信息。

◆ s=dbstatus：该表达式以一个 $M\times1$ 的结构形式返回所有断点信息。

6. dbtype 函数

dbtype 函数用于显示带有行号的 M 文件内容，其调用格式如下：

◆ dbtype MFILE：显示指定文件 MFILE 的内容并带有行号信息。

◆ dbtype MFILE start：end：显示指定文件 MFILE 从 start 到 end 行之间的内容并带有行号信息。

7. dbstack 函数

dbstack 函数用于显示当前断点所在的 M 文件名和产生断点的行号，并且以执行顺序列出，其调用格式如下：

◆ dbstack：显示函数调用堆栈中的文件名及行号信息。

◆ dbstack(N)：省略堆栈前 N 个函数的调用信息。

◆ dbstack('-completenames')：显示堆栈中函数文件的路径、文件名与行号。

◆ [ST，I]=dbstack：执行此命令后，其中 ST 以一个 $M\times1$ 的结构体形式返回堆栈信息。

下面以一个例子来说明调试命令函数的用法。

● **例 3.18** 求 [1,1000] 之间的全部完数（若一个数等于它的各个真因子之和，则称该数为完数，如 6=1+2+3，所以 6 是完数）。

解：给出程序 ch318.m 如下：

```
a=0;
for m=1：5
    for n=1：m/2
        if rem(m,n)==0
            a=a+n;
        end
    if m==a
        disp(m);
    end
end
end
```

程序运行后无任何输出，试用调试命令调试程序。

程序运行后无任何输出，说明第二个 if 语句中的条件 m==a 不成立，由此怀疑求 a

第3章 MATLAB程序设计

的值不正确。为了分析方便,把 m 循环终值改为 6,即仅循环 6 次。在第 2 个 if 语句(即第 8 行)加断点,并查看 a 的值,在命令窗口输入:

```
>> dbstop in ch318 at 8        % 在 ch318.m 第 8 行设置断点
>> ch318                       % 运行程序
   8      if m==a
K>> a                          % 查看 a 的值
 a=
    0
K>> dbcont                     % 继续运行
   8      if m==a
K>> a
 a=
    1
K>> dbcont
   8      if m==a
K>> a
 a=
    2
K>> dbcont
   8      if m==a
K>> a
 a=
    5
K>> dbcont
   8      if m==a
K>> a
 a=
    6
K>> dbcont
   8      if m==a
K>> a
 a=
    12
K>> dbcont
>>
```

m 循环终值改为 6,共循环 6 次。第 6 次循环($m=6$)时,应该求 6 的因子之和,输出结果为 12,显然错误。分析发现,第 6 次循环时,a 的初值为 6(即第 5 次循环后 a 的值)而非 0,再加上 6 的因子刚好等于 12,所以 a 赋初值的语句放错了位置,应放在 m 循环与 n 循环之间,修改程序后保存,重新运行结果正确。

习题

1. 命令文件与函数文件的主要区别是什么?

2. 说明 break 语句和 return 语句的用法。

3. 有一周期为 4π 的正弦波上叠加了方差为 0.1 的正态分布的随机噪声的信号,用循环结构编制一个三点线性滑动平均的程序。(提示:①用 0.1*randn(1,n) 产生方差为 0.1 的正态分布的随机噪声;②三点线性滑动平均就是依次取每三个相邻数的平均值作为新的数据,如 $x1(2)=(x(1)+x(2)+x(3))/3$, $x1(3)=(x(2)+x(3)+x(4))/3$,……。

4. 求下列分段函数的值 $y=\begin{cases} x^2+x-6, & x<0 \text{ 且 } x\neq -3 \\ x^2-5x+6, & 0\leq x<10, x\neq 2 \text{ 且 } x\neq 3 \\ x^2-x-1, & \text{其他} \end{cases}$

(1) 用 if 语句实现,分别输出 $x=-5.0,-3.0,1.0,2.0,2.5,3.0,5.0$ 时的 y 的值;
(2) 用逻辑表达式实现。

5. 输入一个百分制成绩,要求输出成绩等级 A,B,C,D,E。其中 90~100 分为 A, 80~89 分为 B,70~79 分 C,60~69 分为 D,60 分以下为 E(分别用 if 语句和 switch 语句实现)。

6. 建立 5×6 矩阵,要求输出矩阵第 n 行元素。当 n 的值超过矩阵的行数时,自动转为输出矩阵最后一行元素,并给出出错信息。

7. 根据 $\dfrac{\pi}{6}=\dfrac{1}{1^2}+\dfrac{1}{2^2}+\dfrac{1}{3^2}+\cdots+\dfrac{1}{n^2}$,求 π 的近似值。当 n 分别取 100,1000,10000 时结果是多少?(要求:分别使用循环结构和向量运算来实现。)

8. 根据 $y=1+\dfrac{1}{3}+\dfrac{1}{5}+\cdots+\dfrac{1}{2n-1}$ 求

(1) $y<3$ 时的最大 n 的值;
(2) 与(1)的 n 值对应的 y 值。

9. 已知 $\begin{cases} f_1=1 \\ f_2=0 \\ f_3=1 \\ f_4=f_{n-1}-2f_{n-2}+f_{n-3}, n>3 \end{cases}$, 求 $f_1 \sim f_{100}$ 中:

(1) 最大值、最小值、各数值之和;
(2) 正数、零、负数的个数。

10. 设 $f(x)=\dfrac{1}{(x-2)^2+0.1}+\dfrac{1}{(x-3)^4+0.01}$,编写一个 MATLAB 函数文件 fx.m,使得调用 $f(x)$ 时,x 可用矩阵带入,得出的 $f(x)$ 为同阶矩阵。

第 4 章　MATLAB 图形基础

强大的图形绘制功能是 MATLAB 的特点之一。MATLAB 提供了数据可视化的交互式图形绘制功能及一系列的绘图函数,用户不需过多考虑绘图细节,只需利用可视化的窗口或给出的一些基本参数就能得到所需图形。MATLAB 可以将所计算的数据以二维、三维的图形表现出来。通过对图形线形、色彩、光线、视角等的制定和处理,可把计算数据的特征更好的表现出来。

4.1　概　述

数据的可视化仅仅是 MATLAB 图形功能的一部分,MATLAB 的图形功能主要包括数据可视化、创建用户图形界面和简单数据统计处理等。其中,数据的可视化不仅仅是二维的,还可以在三维空间展示数据,而数据或者图形的可视化也是进行数据处理或者图形图像处理的第一步骤。

MATLAB 的图形都是绘制在 MATLAB 的图形窗口中的,而所有图形数据可视化的工作也都以图形窗口为主,例如在 MATLAB 命令窗口中键入指令"logo",将得到如图 4.1 所示的图形窗口。

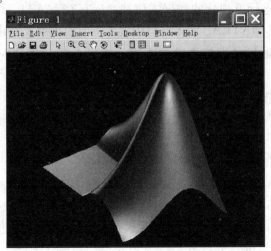

图 4.1　MATLAB 的图形窗口

MATLAB 的图形窗口主要包括如下几个部分:

◆ 菜单栏:MATLAB 的图形窗口一般包括一个菜单栏,利用这个菜单栏可以完成对窗口中各种对象的基本操作,例如图形的打印导出等。

◆ 工具栏:图形窗口的工具栏用来完成对图形对象的一般性操作,例如新建、打开、保存和打印,图形的旋转、缩放等,还有对图形窗口的一些编辑操作也可以通过该工具栏完成。具体操作将在后续的实例中依次介绍。

◆ 绘图区域:图形窗口的绘图区域是面积最大的一部分,在图 4.1 中就是绘制了 MATLAB 标志的矩形区域。在这个区域中可以绘制各种曲线,显示图形图像文件以及完成对图形图像或者曲线的编辑。

一般的,在 MATLAB 中进行数据可视化的过程主要有如下步骤:

(1) 准备需要绘制在 MATLAB 图形窗口中的数据。

(2) 创建图形窗口,并且选择绘制数据的区域。一个 MATLAB 图形窗口可以包含多个绘图区域。

(3) 绘制图形或者曲线。

(4) 设置曲线的属性,例如线型、线宽等。

(5) 设置绘图区域的属性,并且添加数据网格线。

(6) 为绘制的图形添加标题、轴标签或者标注文本等。

(7) 打印或者导出图形。

4.2 交互式绘图

4.2.1 基本绘图

如前所述,实现数据可视化是需要有相应的步骤的,其中的第一步骤就是准备绘制的数据。绘制的数据可以用 MATLAB 的工具将必要的数据导入到 MATLAB 工作空间。也就是说,能够进行可视化的数据实质都是保存在 MATLAB 工作空间中的变量。本节将通过例 4.1 在 MATLAB 命令窗口中键入下面的指令来创建用户可视化的数据。

例 4.1 用以下随机数据模拟股票在当前市场上的运作情况,并进行可视化图形显示。

解:在 MATLAB 命令窗口中键入以下命令:

```
>> randn('state',27)          % 设置随机种子发生器为它的第 j(j=27)种状态
>> startprice=50;              % 初始价值
>> fracreturns1=0.0015*randn(200,1)+0.0003;   % 市值波动
>> x1=[startprice; 1+fracreturns1];
>> prices1=cumprod(x1);        % 模拟价值,求累乘积向量
>> t=(1:length(prices1))';
>> randn('state',7)
>> fracreturns2=0.0015*randn(200,1)+0.0003;
>> x2=[startprice; 1+fracreturns2];
>> prices2=cumprod(x2);
```

上述的指令通过 randn 函数创建若干随机数据,这些随机数据模拟了股票在当前市

第4章 MATLAB图形基础

场上的运作情况。对于股票,大家关心的自然就是股票价格随时间发生的变动。于是,经过上述指令之后,能够在工作空间下看到如下若干变量:

```
>> whos
  Name            Size           Bytes          Class
  fracreturns1    200×1          1600           double array
  fracreturns2    200×1          1600           double array
  prices1         201×1          1608           double array
  prices2         201×1          1608           double array
  startprice      1×1            8              double array
  t               201×1          1608           double array
  x1              201×1          1608           double array
  x2              201×1          1608           double array
Grand total is 1406 elements using 11248 bytes
```

MATLAB 的工作空间浏览器能够将当前工作空间下的变量直接进行可视化操作,例如此时打开 MATLAB 工作空间浏览器选择需要可视化的变量,例如 prices2,然后单击浏览器工具栏上的按钮,从弹出的下拉列表框中就可以直接选择可视化类型,如图 4.2 所示。

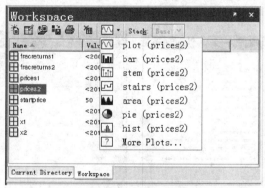

图 4.2 选择可视化类型

此时的列表框中包含如下几种数据可视化类型:

◆ plot:线图。
◆ bar:二维条状图。
◆ stem:杆状图。
◆ stairs:阶梯图。
◆ area:面积图。
◆ pie:饼图。
◆ hist:直方图。

并且可以在 MATLAB 命令窗口中看到:

```
>> plot(prices2,'DisplayName',
```

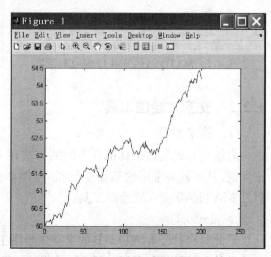

图 4.3 prices2 变量线图可视化结果

'prices2','YDataSource','prices2');figure(gcf)

其实这条指令就是绘制变量的 MATLAB 命令。

当选择其他指令,例如选择 hist,则得到的可视化结果如图 4.4 所示。

如果这些图形类型还不能满足数据可视化的需要,可以选择如图 4.2 所示下拉列表框中最后一个指令 More Plots,此时将弹出 Plot Catalog 对话框,如图 4.5 所示。在这个对话框中总结了所有当前 MATLAB 版本支持的数据可视化功能,读者可以任意选择不同的可视化类型来完成数据的可视化工作,即从 Plot Catalog 对话框中选择图形可视化类型,例如选择 Stair and Stem Plots 类别下的 Stair 可视化功能,然后单击 Plot Catalog 对话框的 Plot 按钮或者 Plot in New Figure 按钮,就可以得到如图 4.6 所示的可视化结果。

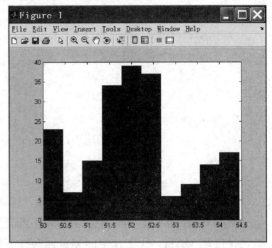

图 4.4　prices2 变量直方图可视化结果

图 4.5　MATLAB 的 Plot Catalog 对话框

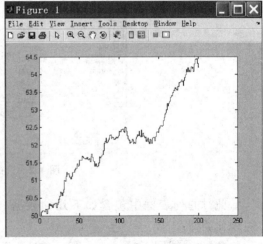

图 4.6　prices2 变量的阶梯图可视化结果

4.2.2　交互式绘图工具

1. 基本绘图

启动交互式绘图工具也有不同的方法,一种是命令行,另外一种就是通过菜单命令来实现,其中较为常用的是命令行指令,例如在 MATLAB 命令行中键入如下的指令将打开 MATLAB 交互式绘图工具:

>> plottools

则此时将打开 MATLAB 的交互式绘图工具,如图 4.7 所示。

另外,也可以通过 MATLAB 的 Start 菜单下的命令打开交互式绘图工具。执行

第4章 MATLAB 图形基础

Start 菜单下 MATLAB 子菜单中的 Plot Tools 菜单命令也可以打开如图 4.7 所示的工具。

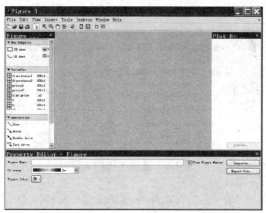

图 4.7　MATLAB 交互式绘图工具界面

　　MATLAB 的交互式绘图工具与 MATLAB 图形窗口多少有些近似，实际上，可以直接从 MATLAB 图形窗口转换到交互式绘图工具的界面，例如，当 MATLAB 窗口中绘制了如图 4.3 所示的图形时，单击图形窗口界面工具栏中按钮，则如图 4.3 所示的 MATLAB 图形窗口将转变成为交互式绘图工具界面，如图 4.8 所示。

图 4.8　切换图形窗口到交互式绘图工具界面

　　MATLAB 的交互式绘图工具可以分为四大部分，分别为：
　　◆ Figure Palette：它位于交互式绘图工具的左侧上方，在该区域可以完成曲线类型选择、图形窗口分割、绘制数据选择以及注释选择等操作。
　　◆ Plot Browser：它位于交互式绘图工具的右侧上方，在该区域内可以显示当前图形窗口中已经绘制的曲线等对象列表，例如图 4.8 所示绘制了 pirces2 变量曲线。
　　◆ Property Editor：属性编辑器位于交互式绘图工具的下方，它可以根据选择的图形对象的不同而显示不同的属性，在这里可以完成很多对象的属性编辑，从而完成诸如增加注释文本、设置数轴信息等操作。
　　◆ 图形窗口：也就是绘图区，它位于交互式绘图工具的中央，所有绘图的结果都会显

示在这里。

可以通过交互式绘图工具的 View 菜单中相应的菜单命令分别打开不同的窗口工具,如图 4.9 所示。

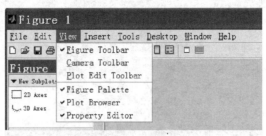

图 4.9 选择不同的窗口

在 View 菜单下还有 Plot Edit Toolbar 菜单命令,执行该命令可以打开交互式绘图工具的工具栏,如图 4.10 所示。而 Camera Toolbar 是照相机工具栏的选择命令,具体使用可参阅相关资料。

图 4.10 交互式绘图工具的工具栏

● 例 4.2 利用交互式绘图工具完成例 4.1 数据的图形创建。

解:(1) 绘制简单固定单一变量图形,则可执行如下操作:

◆ 在 Figure Palette 窗口的 Variables 列表中选择需要绘制到图形窗口中的变量,然后将该变量直接拖放到图形窗口区域,则图形窗口区域中将绘制相应变量的曲线。也可以选择变量之后,单击右键,从弹出的快捷菜单中选择不同的绘图形式,如图 4.11 所示。

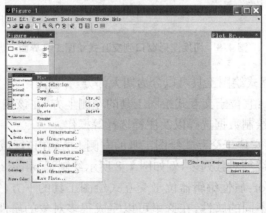

图 4.11 选择变量并且绘制图形

◆ 选择 fracreturns1 变量,然后执行 Plot 快捷菜单命令,则此时绘制了简单图形的交互式绘图工具如图 4.12 所示。注意,在 Plot Browser 窗口中显示了当前绘制的曲线以及变量名称。

其实,可以把交互式绘图工具 Figure Palette 区域看做是交互式绘图工具的工作空间浏览器,它能够显示当前工作空间下保存的变量,并且可以用快捷菜单命令在数组编辑器中进行打开变量、保存变量等一般操作。而在数据可视化方面,可以选择不同的绘图类型,这些操作与前面介绍的工作空间浏览器基本绘图的过程完全一致。

(2) 绘制 X-Y 相对数据曲线图,则可执行如下操作:

◆ 如果需要利用交互式绘图工具绘制 X-Y 相对数据曲线图,则不能按照前面的步骤简单实现。首先需要创建一个新的图轴(Axes)来绘制曲线,当前面绘制的图形不需要保留,则用鼠标选择图轴,选择的图轴周围有黑色的图块,然后按下键盘的 Delete 键或者通过右键单击弹出的快捷菜单中的 Delete 命令将图轴删除,如图 4.13 所示。

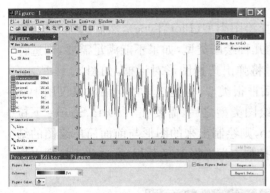

图 4.12　绘制 fracreturns1 变量

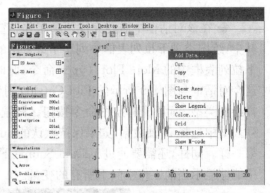

图 4.13　选择图轴,并且执行 Delete 命令

◆ 其次创建新的图轴(Axes),创建新的图轴可以通过 Figure Palette 窗口下 New Subplots 中的选项来实现,其中 2D Axes 表示增加二维绘制图轴,而 3D Axes 表示增加三维绘制图轴,在本例子中用户只要用鼠标单击 2D Axes,则在当前的交互式绘图工具中就增加了一个空白的二维图轴,其中 X 轴和 Y 轴默认的取值范围都是 0~1,如图 4.14 所示。

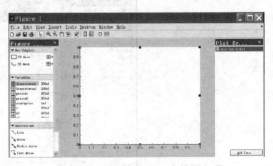

图 4.14　空白图轴的交互式绘图工具

◆ 再利用前面介绍的方法,直接将数据拖放到图轴上完成简单的数据绘图。

(3) 绘制 X-Y 相对图形,则可执行如下操作:

◆ 首先需要选择空白图轴,然后单击 Plot Browser 窗口内的 Add Data…命令,或者用右键单击空白图轴,执行弹出的快捷菜单中的 Add Data 命令,此时将弹出 Add Data to Axes 对话框,如图 4.15 所示。

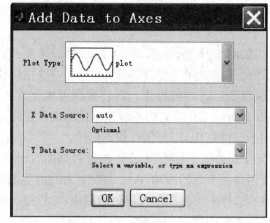

图 4.15 增加数据对话框

◆ 在该对话框中需要完成两项工作,选择绘图类型(Plot Type),然后选择数据源。其中,绘图类型下拉列表框中列出了最常用的几种绘图类型,如果不能满足需要,则选择下拉列表框中的 More Plot Types 命令,此时将弹出选择图形对话框,如图 4.16 所示。这个对话框与图 4.5 所示的 Plot Catalog 对话框很类似,但是这里的对话框仅仅用于选择绘图类型,而不具有绘图命令按钮。设置绘图类型之后,需要在 X Data Source 下拉列表框中选择 X 轴数据,如果保持默认的 auto,则绘制出来的图形与前面简单绘图的结果一样。同样,还需要通过 Y Data Source 下拉列表框选择 Y 轴数据,在这些下拉列表框中能够显示当前工作空间下所有的变量。

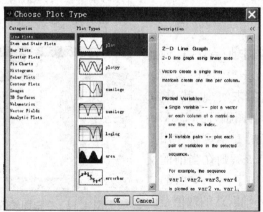

图 4.16 选择绘图类型

在本例子中,使用默认的线图作为绘图类型,然后选择 X 轴数据为变量 auto,而 Y 轴数据为变量 fracreturns1,设置好的增加数据对话框如图 4.17 所示。

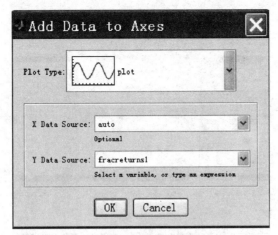

图4.17 设置完毕的增加数据对话框

(4) 同一个图轴下不同数据的绘制,则可执行如下操作:

在很多时候需要将不同的数据绘制在同一个图轴下以便进行数据的比较,如果需要将新的数据增加到已经绘制了曲线的图轴上,则可以像前面的操作那样,或者直接将数据拖放到图轴上,或者使用Plot Browser窗口下的Add Data…来增加数据到当前的图轴上,也可以使用图轴快捷菜单下的Add Data…菜单命令来增加新的数据。新的曲线将使用其他的颜色来表示,默认情况下,绘制的第一条曲线是蓝色,以后依次为绿色、红色、青色、洋红等不同的色彩。例如,将prices2与prices1变量绘制到交互式绘图工具中同一个图轴下,默认的情况下第二条曲线为绿色,同时在Plot Browser窗口中将显示所有图形元素,如图4.18所示。

图4.18 同一个图轴下绘制两条曲线

(5) 多图轴下不同曲线的绘制,则可执行如下操作:

◆ MATLAB不仅能够在同一个图轴下同时显示多条曲线,它还支持在同一个图形窗口下显示多个图轴,增加图轴就是利用MATLAB图形功能中的子图功能。在交互式绘图工具中,只要单击Figure Palette窗口下New Subplots中的2D Axes或者3D Axes就可以为当前的图形窗口增加新的图轴(子图),例如,单击2D Axes之后图4.18所示的交互式绘图工具中的图形窗口区域将增加一个新的子图,并且包含一个二维图轴,如

图 4.19 所示。

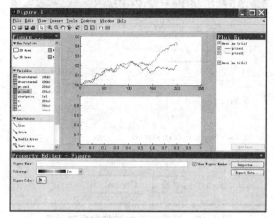

图 4.19 增加子图

这时就可以在新的子图中设置新的数据绘制曲线了。具体的方法与前面介绍的过程完全一致,只不过需要用户在绘制图形前选择合适的子图(用鼠标单击一下即可)。

◆ MATLAB 的子图功能非常丰富、灵活,可以在当前图形窗口下任意实现子图的分割和布局。在交互式绘图工具中可以通过 Figure Palette 窗口中 New Subplots 下的按钮来完成相应的功能,用鼠标单击该按钮,则会弹出子图分割工具,就像 Microsoft Word 的分栏工具一样,直接选择图形窗口子图分割样式,例如选择两竖栏分割,即选择左上角起的左右两个方块,如图 4.20 所示。分割之后的交互式绘图工具如图 4.21 所示,其中第二个子图中绘制了 prices1 变量。

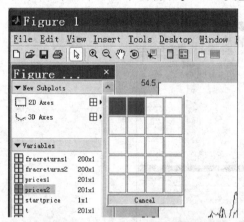

图 4.20 选择子图的分割形式

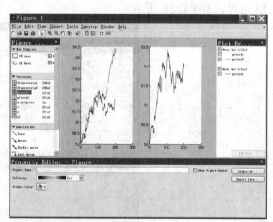

图 4.21 分割子图

如果直接删除了包含子图的图轴对象,则不能直接删除子图,例如,直接删除图 4.21 所示交互式绘图工具的第一个图轴,则交互式图形窗口依然保持具有两个图轴的样式,如图 4.22 所示。

第4章 MATLAB 图形基础

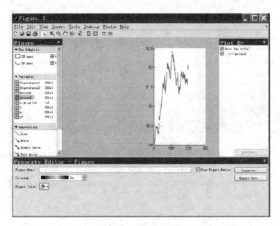

图 4.22　删除图轴后仍保留两个子图的显示效果

2. 格式化图形

所谓格式化图形，是指在 MATLAB 的图形窗口中设置图形对象的各种属性，例如修改色彩、线条样式以及为 MATLAB 的图形对象添加必要的注释、标题或者其他文本信息，让 MATLAB 的图形能够表述更加丰富的信息。在交互式绘图工具中，对所有图形对象的设置都可以通过属性编辑器来完成。

（1）添加图轴信息

当用户在交互式绘图工具中选择图轴的时候，交互式绘图工具的下方将显示图轴的属性编辑器，例如图 4.18 中 Property Editor-Axes 属性编辑器所示。各部分属性的具体含义如下：

◆ Title 属性可以用来设置图轴的标题，在 Title 文本框中可以设定当前图形显示的提要，例如在这里键入 Stock Price，则相应的文本将出现在图轴的正上方。

◆ Colors 属性后面的渲染工具 ![] 和 ![] 描绘工具可以分别用来设置图轴的底色和文本的颜色，默认情况下，图轴都是白底黑字的样式，单击相应工具，则可以从弹出的色彩选择框中选择不同的颜色。

◆ Grid 属性用来决定是否在当前图轴上显示网格，可以分别给 X 轴、Y 轴以及 Z 轴设置网格，对于二维曲线，选择 X 轴和 Y 轴就已经足够了。Box 复选框则决定是否给图轴增加黑框。

◆ Label 属性定义了坐标轴的标签，用户可以分别针对不同的坐标轴分别进行定义，例如，对于前面的示例，只要设置 X Label 属性为 Time(days)，则相应的标签就会立即显示到图形窗口中，对应的 Y Label 属性设置为 Prices。

◆ Limits 属性定义了坐标轴显示数据的范围，默认为 Auto，MATLAB 将根据所需要显示数据的情况自动地选择必要的数据显示范围，用户可以制定数据显示范围，例如设置显示范围为从 0 到 250，图形窗口中相应的坐标轴会发生相应的变化。

◆ Scale 属性定义了坐标轴是按照线性化坐标系显示，还是按照对数坐标系显示。

◆ Reverse 复选框则决定了坐标轴的显示是按照升序还是降序，例如设置前面这些属性，并且选择该复选框之后的交互式图形工具如图 4.23 所示。

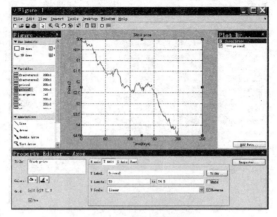

图 4.23 添加图轴信息

◆ Ticks 属性决定了坐标轴显示数据时网格的间隔。单击图轴属性编辑器中的 Ticks 按钮,用户可以在弹出的对话框中设定坐标轴网格间隔属性如图 4.24 所示。默认情况下,坐标轴的间隔按照默认设置分为五个等间隔,用户可以自己手工修改(Manual 属性)或者由 MATLAB 根据指定的间隔来选择(Step by)。也可以通过对话框中的 Insert 按钮插入间隔或者 Delete 按钮删除不需要的数据间隔。具体选择哪一种,则需要根据具体的可视化任务来决定,总的来说,不要让坐标轴网格影响到对曲线的视觉分析为准。

图 4.24 坐标轴网格间隔属性设置

(2) 设置曲线样式

当选择图轴中的曲线时,交互式绘图工具将显示曲线的属性编辑器,如图 4.25 所示。曲线的属性编辑器中可以针对图轴上所显示的图形进行二次选择,例如可以设置 Display Name 来修改曲线在 Plot Browser 中所显示的名称,默认该属性就是绘制曲线用

第4章 MATLAB 图形基础

的变量名称。通过 Plot Type 下拉列表框中的不同属性还可以设置不同的绘图类型,不过这里能够选择的绘图类型比较少,而且下拉列表框中的选项会根据最初选择的坐标轴类型以及数据的情况发生变化。X Data Source、Y Data Source 以及 Z Data Source 下拉列表框可以让用户再次选择绘制曲线所用的数据集。这些属性的设置与前面介绍的增加数据对话框的内容非常类似,操作起来也基本一样。

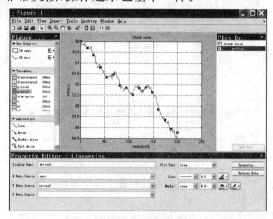

图 4.25 曲线的属性编辑器

对于常用的二维曲线绘图,比较重要的属性是 Line 属性和 Marker 属性,其中 Line 属性中可以通过下拉列表框分别设定曲线的类型、粗细以及颜色,例如设定曲线的类型为长虚线,粗细为 1.0,并且修改色彩为黑色。

Marker 属性定义了在相应的数据点用哪一种标识符来表示,单击该下拉列表框,将给出能够使用的所有标识符,如图 4.26 所示为设定的曲线。

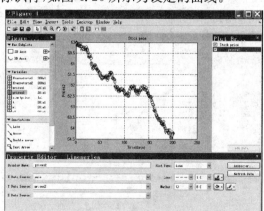

图 4.26 设定曲线的样式

另外,还可以修改标识符的填充颜色和线条颜色,这些属性的设置都是在曲线的属性编辑器中通过设定 Marker 的相应属性(渲染工具 和描绘工具)来完成的。这里由于数据比较密集,不便于查看,所以读者可以自行设置 Marker 属性的尺寸和设定渲染颜色来显示图形。

(3) 添加图例

当图轴信息及曲线设置好了之后,为了更全面对图形进行表达,需要添加图例。可在交互式绘图工具菜单栏单击 Insert 菜单,然后选择 Legend 按钮就可增加所需图例,如图 4.27 所示。

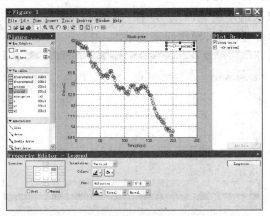

图 4.27　在交互式绘图工具中增加图例

当增加了图例或者选择了已经增加好的图例时,交互式绘图工具将显示图例的属性编辑器。在图例的属性编辑器中,最重要的属性就是 Location 属性,这个属性定义了图例可以放置在图形窗口上的位置,一般情况是默认放在图的右上角。但有的时候,图例的默认位置会挡住一些曲线和重要的信息,所以利用这个工具将图例的位置修改到其他位置非常方便,此时只需要用鼠标单击 Location 属性缩略图的小方框,这些小方框就代表了图例可以放置的预定义位置,例如,将图例放置在图轴的左下角,则单击位于缩略图内方框内部的左下角的小方框就可以了,如图 4.28 所示。另外,在 Location 中选择大小矩形之间的方框,可以将图例放在图轴之外的图形窗口内。

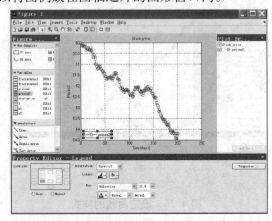

图 4.28　设定图例的位置——放置在图轴内

在设定图例位置缩略图的地方有两个选项,分别为 Best 或者 Manual,这两个选项可以帮助用户快速定位图例或者定义图例位置设定的模式。

在图例属性编辑器中 Orentation 属性可以定义图例的方向,默认设置为 Vertical(垂直的),此时,如果是多个曲线图例则每个曲线的图例将垂直排列,如果选择 Horizontal

第4章 MATLAB 图形基础

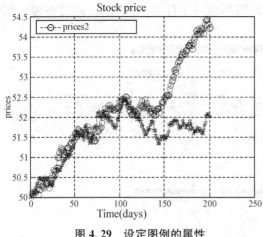

图 4.29 设定图例的属性

（水平的），则多个曲线的图例将水平排列，具体选择哪一种显示方法，需要根据具体的数据可视化情况分别来选择。例如，在这里将 prices1 和 prices2 变量绘制在同一图轴上，此时的图例的 Orentation 属性设置为 Horizontal，则显示的效果如图 4.29 所示。

（4）添加注释

注释是由创建图形的用户添加的说明，这些说明由一些文字结合简单的图形组成，相应的说明可以用来说明数据曲线的细节特点，比如，需要特别注意的数据点等等。在交互式绘图工具中增加注释可以通过 Figure Palette 下的 Annoations 来完成，这里面包括：

- ◆ ╲ Line：绘制直线。
- ◆ ╲ Arrow：绘制箭头线。
- ◆ ╲ Double Arrow：绘制双向箭头线。
- ◆ ▭ Text Arrow：文本箭头线，可以在文本框中写入文本信息。
- ◆ ┳ Text Box：文本框。
- ◆ ▭ Rectangle：矩形。
- ◆ ⬭ Ellipse：圆形，包含椭圆和正圆。

例如，向图轴上增加必要的文本加箭头注释，可以单击 Annotations 下面的 Text Arrow 对象，然后在图轴上，用鼠标拖放的方法显示一个文本框和箭头线。接着就可以在相应的文本框中输入文本了，例如键入 Stock Prices Plot 等，键入完毕之后可以通过文本框的属性对话框来修改其属性。

文本框的属性编辑器中的属性比较容易理解，可以通过 Line Style 属性设置文本框的外框线型，Line Width 决定了线条的尺寸，Edge Color 和 Background Color 分别定义了文本框的线条颜色和背景色。在这里设置 Line Style 为 no line，也就是在文本框上不显示线框，这样文本注释能够美观一些，此时的图形显示效果如图 4.30 所示。

（5）图形窗口属性

最后还需要设置的就是图形窗口的属性。默认情况下，图形窗口的名称是按照 Figure 1、Figure 2 等依次命名的，但有些时候需要设置一下图形窗口的名称等。如果

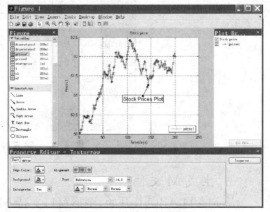

图 4.30 增加文本注释

需要设置图形窗口的属性,则可以用鼠标单击图形窗口下任意空白位置,此时将显示图形窗口的属性对话框,如图 4.31 所示。

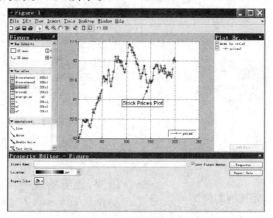

图 4.31　图形窗口的属性

◆ 在这个属性对话框中需要设置的就是图形窗口的名称属性——Figure Name,例如这里给自己的图形窗口取个名字 Stock Analysis。

◆ Colomap 属性定义了在图形窗口中显示图像时,图形图像显示的效果。

◆ Figure Color 属性定义了图形窗口当前的背景色,如果认为默认的灰色窗口颜色不符合要求,则通过设置该属性值完成对窗口颜色的修改。

◆ 当完成全部交互式绘图工作之后,可以单击交互式绘图工具工具栏上的隐藏绘图工具按钮,此时绘图工具将恢复成为图形窗口的样式,如图 4.32 所示。

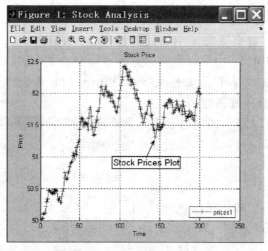

图 4.32　完成绘图之后的结果

3. 生成 M 文件

从 MATLAB 7.0 开始,图形窗口支持 M 代码自动生成的功能。也就是说,当用户利用各种绘图工具完成了图形绘制之后,可以将图形绘制的过程以及各种工具设置的属性保存成为 M 文件,生成的 M 文件函数可供以后创建图形使用。这样,即使用户不了解 MATLAB 的绘图指令,也可以利用函数完成图形的生成。

第 4 章　MATLAB 图形基础

这里继续前面的例子,此时已经得到了如图 4.32 所示的图形可视化结果,如果希望将这个图形窗口生成 M 函数文件,则可以选择图形窗口 File 菜单下的 Generate M-File …命令,此时将自动生成 M 函数文件,代码如下：

```
function createfigure(y1)
%CREATEFIGURE(Y1)
%   Y1：vector of y data
%   Auto-generated by MATLAB on 05-Mar-2010 21：38：36
%% Create figure
figure1=figure(...
'Name','Stock Analysis',...
'PaperPosition',[0.6345 6.345 20.3 15.23],...
'PaperSize',[20.98 29.68]);
colormap hsv
%% Create axes
axes1=axes(...
'XGrid','on',...
'YGrid','on',...
'Parent',figure1);
title(axes1,'Stock Price');
xlabel(axes1,'Time');
ylabel(axes1,'Price');
box(axes1,'on');
hold(axes1,'all');
%% Create plot
plot1=plot(y1,...
'Marker','+',...
'Parent',axes1);
%% Create legend
legend1=legend(axes1,{'prices1'},'Location','SouthEast');
%% Create textarrow
annotation1=annotation(...
figure1,'textarrow',...
[0.5429 0.575],[0.4351 0.5264],...
'Line Width',2,...
'String',{'Stock Prices Plot'},...
'FontSize',14,...
'TextLine Width',2,...
'Text EdgeColor',[1 0 0]);
```

与编写一般的 M 语言函数文件类似,需要将函数名称修改成合适的名称,不要使用默认的 createfigure,并且保存时必须将函数文件名称和函数名称保持一致,而且需要全部使用小写字符,例如,将这个 M 函数文件保存成为 stockanalysis.m 文件。

保存之后,可以在 MATLAB 命令行窗口中尝试运行该函数,例如在 MATLAB 命令行窗口中键入如下的指令:

≫ stockanalysis(prices1)

运行结果与图 4.32 所示相同。

同样的代码也可以处理类似的数据,例如在 MATLAB 命令行窗口中键入指令:

≫ stockanalysis(prices2)

运行结果与图 4.33 所示。

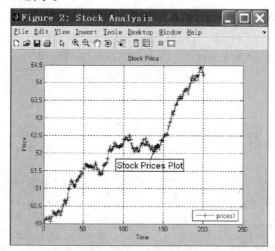

图 4.33 执行代码——处理其他类似数据

从这里可以看出,通过自动 M 代码生成得到的函数文件能够比较好地完成图形的复建工作,利用自动代码生成,可以简化工程师日常编写程序的工作量,结合交互式绘图工具,可以让用户在不甚了解绘图指令的情况下就完成 MATLAB 的数据可视化工作。

当然,利用绘图指令来实现 MATLAB 的数据可视化工作是大家学习 MATLAB 的最终目标,并且利用绘图指令能够实现所有的绘图操作这是实现数据可视化最灵活的方法。这一点从生成的代码也能够看出来,每个属性的设置都对应了具体的代码,读者可以利用生成的代码辅助绘图指令的学习。后面的章节将详细介绍指令绘图的功能。

4.3 二维指令绘图

4.3.1 基本绘图指令

在 MATLAB 中进行数据可视化使用最频繁的绘制函数就是 plot 函数,在前面的交互式绘图工具中,就是用这个指令来绘制曲线的。plot 函数能够将向量或者矩阵中的数据绘制在图形窗口中,并且可以指定不同的线型和色彩。

1. plot 函数的基本用法

plot 函数的基本调用格式为:

第4章 MATLAB图形基础

◆ plot(x,y)

其中 x 和 y 为长度相同的向量,分别用于存储 x 坐标和 y 坐标数据。

例 4.3 在 $0 \leqslant x \leqslant 2\pi$ 区间内,绘制曲线 $y = e^{-0.5x} \sin\left(2\pi x + \dfrac{\pi}{4}\right)$。

解:在 MATLAB 命令行窗口中键入下面的指令:

≫ x=0:pi/1000:2*pi;
≫ y=exp(-0.5*x).*sin(2*pi*x+pi/4);
≫ plot(x,y)

例 4.3 共有三条指令,前面两条是准备绘制的数据,x 和 y 两个变量为长度相同的行向量,其中 y 是利用三角函数处理的数据。而 plot 函数使用默认的设置将数据 x 和 y 绘制在图形窗口中。系统默认的设置为蓝色的连续线条。绘制的图形如图 4.34 所示。

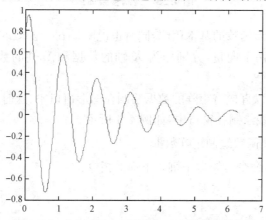

图 4.34 在 MATLAB 图形窗口中绘制蓝色曲线

说明:

(1) 当 x,y 是同维矩阵时,则以 x,y 对应列元素为横、纵坐标分别绘制曲线,曲线条数等于矩阵的列数。

(2) 当 x 是向量,y 是有一维与 x 同维的矩阵时,则绘制出多根不同色彩的曲线。曲线条数等于 y 矩阵的另一维数,x 被作为这些曲线共同的横坐标。

(3) plot 函数最简单的调用格式是只包含一个输入参数:plot(x)。

2. 含多个输入参数的 plot 函数

含多个输入参数的 plot 函数调用格式为:

◆ plot(x1,y1,x2,y2,…,xn,yn)

plot 函数能够同时绘制多条曲线,在 MATLAB 命令行窗口中键入下面的指令:(继续前面的指令)

≫ plot(x,y,x,y+1,x,y-1)

这时绘制的图形如图 4.35 所示。

在图形窗口中,由下至上分别为绘制的第一、二、三条曲线,根据系统的默认设置分别为绿色、蓝色和红色。

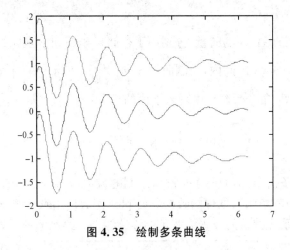

图 4.35　绘制多条曲线

例 4.3 说明了 plot 函数的基本用法，同时也说明了 plot 函数的系统默认设置。不过例子中使用的数据是两个向量，分别作为 X 轴的数据和 Y 轴的数据。那么对于矩阵，MATLAB 如何处理呢？

利用 plot 函数可以直接将矩阵的数据绘制在图形窗口中，这时 plot 函数将矩阵的每一列数据作为一条曲线绘制在窗口中，如例 4.4 所示。

例 4.4　利用 plot 函数绘制矩阵数据

解： 在 MATLAB 命令行窗口中键入下面的指令：

≫ B=pascal(6)

B=

1	1	1	1	1	1
1	2	3	4	5	6
1	3	6	10	15	21
1	4	10	20	35	56
1	5	15	35	70	126
1	6	21	56	126	252

≫ plot(B)

则会得到如图 4.36 所示图形。

3. 含选项的 plot 函数

含选项的 plot 函数调用格式为：

◆ plot(x1,y1,选项 1,x2,y2,选项 2,…,xn,yn,选项 n)

为了能够在 plot 函数中控制曲线的样式，MATLAB 预先设置了不同的曲线样式属性值，其中选项分别为控制曲线的色彩、线型和标识符，在表 4.1 中对 plot 函数的标识符进行了总结。

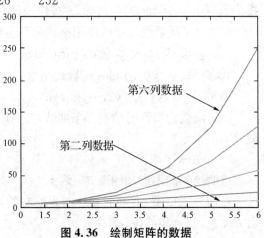

图 4.36　绘制矩阵的数据

第 4 章 MATLAB 图形基础

表 4.1 plot 函数的标识符

色彩 color	说明	时标 marker	说明	线型 linestyle	说明
r	红色	+	加号	—	实线
g	绿色	o	圆圈	- -	虚线
b	蓝色	*	星号	:	点线
c	青	.	点	-.-.	点划线
m	洋红	x	十字		
y	黄色	s	矩形		
k	黑色	d	菱形		
w	白色	^	上三角		
		v	下三角		
		>	右三角		
		<	左三角		
		p	五边形		
		h	六边形		

● **例 4.5** 用不同线型和颜色在同一坐标内绘制曲线 $y=2e^{-0.5x}\sin(2\pi x)$ 及其包络线。

解：程序如下：

x=(0：pi/100：2*pi)′;
y1=2*exp(-0.5*x)*[1,-1];
y2=2*exp(-0.5*x).*sin(2*pi*x);
x1=(0：12)/2;
y3=2*exp(-0.5*x1).*sin(2*pi*x1);
plot(x,y1,′g：′,x,y2,′b- -′,x1,y3,′rp′);

程序运行结果如图 4.37 所示。plot 函数中包含 3 组绘图参数，第一组用绿色虚线绘出两根包络线，第二组用蓝色双划线绘出 y，第三组用红色五角星离散标出数据点。

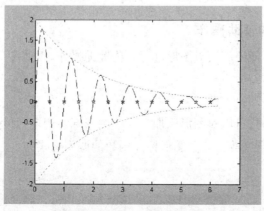

图 4.37 用不同线型和颜色绘制的曲线

4. 双纵坐标函数 plotyy

在 MATLAB 中,如果需要绘制出具有不同纵坐标标度的两个图形,可以使用 plotyy 函数。这种图形能把函数值具有不同量纲、不同数量级的两个函数绘制在同一坐标中,有利于图形数据的对比分析。plotyy 函数的调用格式为:

◆ plotyy(x1,y1,x2,y2)

其中,$x1,y1$ 对应一条曲线,$x2,y2$ 对应另一条曲线。横坐标的标度相同,纵坐标有两个,左纵坐标用于 $x1,y1$ 数据对,右纵坐标用于 $x2,y2$ 数据对。

● 例 4.6 用不同标度在同一坐标内绘制曲线 $y1 = e^{-0.5x}\sin(2\pi x)$ 及曲线 $y2 = 1.5e^{-0.1x}\sin(x)$。

解:程序如下:

```
x1=0:pi/100:2*pi;
x2=0:pi/100:3*pi;
y1=exp(-0.5*x1).*sin(2*pi*x1);
y2=1.5*exp(-0.1*x2).*sin(x2);
plotyy(x1,y1,x2,y2);
```

程序运行结果如图 4.38 所示。

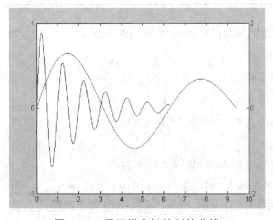

图 4.38 用双纵坐标绘制的曲线

4.3.2 绘制图形的辅助操作

绘制完图形后,可能还需要对图形进行一些辅助操作,以使图形意义更加明确,可读性更强。

1. 图形标注

在绘制图形的同时,可以对图形添加上一些图形标注说明,如图形名称、坐标轴说明以及图形某一部分的含义等。有关图形标注函数的调用格式为:

◆ title(图形名称)

◆ xlabel(x 轴说明)

◆ ylabel(y 轴说明)

◆ text(x,y,图形说明)

◆ legend(图例1,图例2,…)

其中,title 和 xlabel、ylabel 函数分别用于说明图形和坐标轴的名称。text 函数是在 (x,y)坐标处添加图形说明。添加文本说明也可用 gtext 命令,执行该命令时,十字坐标光标自动跟随鼠标移动,单击鼠标即可将文本放置在十字光标处,如命令 gtext('cos(x)'),即可放置字符串 cos(x)。legend 函数用于绘制曲线所用线型、颜色或数据点标记图例,图例放置在图形空白处,用户还可以通过鼠标移动图例,将其放到所希望的位置。除 Legend 函数外,其他函数同样适用于三维图形,z 坐标轴说明用 zlabel 函数。

● **例 4.7** 给图形添加图形标注。

解:程序如下:

```
x=(0:pi/100:2*pi)';
y1=2*exp(-0.5*x)*[1,-1];
y2=2*exp(-0.5*x).*sin(2*pi*x);
x1=(0:12)/2;
y3=2*exp(-0.5*x1).*sin(2*pi*x1);
plot(x,y1,'g:',x,y2,'b--',x1,y3,'rp');
title('曲线及其包络线');                %加图形标题
xlabel('independent variable X');       %加 X 轴说明
ylabel('independent variable Y');       %加 Y 轴说明
text(2.8,0.5,'包络线');                 %在指定位置添加图形说明
text(0.5,0.5,'曲线 y');
text(1.4,0.1,'离散数据点');
legend('包络线','包络线','曲线 y','离散数据点')    %加图例
```

程序运行结果如图 4.39 所示。

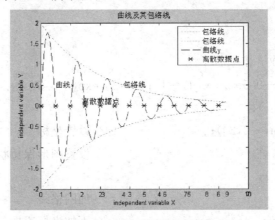

图 4.39 利用图形标注绘制的曲线

2. 坐标控制

在绘制图形时，MATLAB 可以自动根据要绘制曲线数据的范围选择合适的坐标刻度，使得曲线能够尽可能清晰地显示出来。所以，在一般情况下用户不必选择坐标轴的刻度范围。但是，如果用户对坐标系不满意，可利用 axis 函数对其重新设定。该函数的调用格式为：

◆ axis([xmin xmax ymin ymax zmin zmax])

如果只给出前 4 个参数，则 MATLAB 按照给出的 x、y 轴的最小值和最大值选择坐标系范围，以便绘制出合适的二维曲线。如果给出了全部参数，则系统按照给出的 3 个坐标轴的最小值和最大值选择坐标系范围，以便绘制出合适的三维图形。

axis 函数功能丰富，常用的用法还有：

◆ axis equal：纵、横坐标轴采用等长刻度。
◆ axis square：产生正方形坐标系（默认为矩形）。
◆ axis auto：使用默认设置。
◆ axis off：取消坐标轴。
◆ axis on：显示坐标轴。
◆ grid on/off 命令控制是画还是不画网格线，不带参数的 grid 命令在两种状态之间进行切换。
◆ box on/off 命令控制的是加还是不加边框线，不带参数的 box 命令在两种状态之间进行切换。

一般情况下，每执行一次绘图命令，就刷新一次当前图形窗口，图形窗口原有的图形将不复存在。若希望在已存在的图形上再继续添加新的图形，可使用图形保持命令 hold。hold on/off 命令控制是保持原有图形还是刷新原有图形，不带参数的 hold 命令在两种状态之间进行切换。

● 例 4.8　用图形保持功能在同一坐标内绘制曲线 $y = 2e^{-0.5x}\sin(2\pi x)$ 及其包络线，并加网格线。

解：程序如下：

```
x=(0:pi/100:2*pi)';
y1=2*exp(-0.5*x)*[1,-1];y2=2*exp(-0.5*x).*sin(2*pi*x);
plot(x,y1,'b:');
axis([0,2*pi,-2,2]);              % 设置坐标
hold on;                          % 设置图形保持状态
plot(x,y2,'k');
grid on;                          % 加网格线
box off;                          % 不加坐标边框
hold off;                         % 关闭图形保持
```

程序运行结果如图 4.40 所示。

第 4 章 MATLAB 图形基础

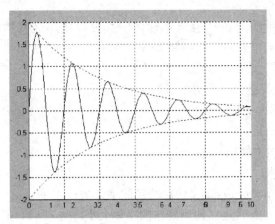

图 4.40 利用图形保持及坐标控制绘制多条曲线

3. 特殊字符标注

在 MATLAB 编程中所有的希腊字母、拉丁字符等特殊字符都用对应的英文发音来书写和表示的,但要在通过编程把这些特殊字符的本来面目在图形中显示出来,可以使用 LaTeX 字符集(LaTeX 是一种国际上十分流行的数学排版软件)的格式。利用这个字符集和 MATLAB 文本注释的定义,就可以在 MATLAB 的图形文本标注中使用希腊字符、数学符号或者上标和下标字体等。一些常用的 LaTeX 字符见表 4.2。其具体使用与 LaTeX 的排版使用相同。

表 4.2 常用的 LaTeX 字符

标识符	符号	标识符	符号	标识符	符号
\ alpha	α	\ epsilon	ε	\ infty	∞
\ beta	β	\ eta	η	\ int	∫
\ gamma	γ	\ Gamma	Γ	\ partial	∂
\ delta	δ	\ Delta	Δ	\ leftarrow	←
\ theta	θ	\ Theta	Θ	\ uparrow	↑
\ lambda	λ	\ Lambda	Λ	\ rightarrow	→
\ xi	ξ	\ Xi	Ξ	\ downarrow	↓
\ pi	π	\ Pi	Π	\ div	÷
\ omega	ω	\ Omega	Ω	\ times	×
\ sigma	σ	\ Sigma	Σ	\ pm	±
\ phi	φ	\ Phi	Φ	\ leq	≤
\ psi	ψ	\Psi	Ψ	\ geq	≥
\ rho	ρ	\ tau	τ	\neq	≠
\ mu	μ	\ zeta	ζ	\forall	∀
\ nu	ν	\ chi	χ	\exists	∃

在 MATLAB 图形窗口的所有文本标注中都可以使用这些特殊的文本,比如在标题、坐标轴标签、文本注释中,使用特殊文本时一定要注意不要忘记"\"符号,否则 MATLAB 就会按照普通文本处理这些字符。除了直接使用附录中的 LaTeX 字符集外,还可以用下面的标识符组合完成更丰富的字体标注:

- \bf:加粗字体。
- \it:斜体字。
- \sl:斜体字(很少使用)。
- \rm:正常字体。
- \fontname{fontname}:定义使用特殊的字体名称。
- \fontsize{fontsize}:定义使用特殊的字体大小,单位为 FontUnits。

其中,设置字体的大小或者名称将直接影响接在定义符后面的文本内容,直到下一个字体定义符出现。对上标或者下标文本的注释需要使用"_"和"^"字符。

- 上标标注的方法:^{superstring}

其中,superstring 是上标的内容,它必须在大括号"{}"之中。

- 下标标注方法:_{substring}

其中,substring 是下标的内容,它必须在大括号"{}"之中。

例 4.9 使用特殊文本标注——tex_examp.m

解:在 M 文件编辑窗口输入如下程序:

```
function tex_examp
%TEX_EXAMP 在文本注释中使用特殊文本
alpha=-0.5;
beta=3;
A=50;
t=0:0.01:10;
    y=A*exp(alpha*t).*sin(beta*t);
    plot(t,y);
%添加特殊文本注释
title('\fontname{隶书}\fontsize{16}{隶书} \fontname{Impact}{Impact}')
    xlabel('^{上标} and _{下标}')
    ylabel('Some \bf 粗体\rm and some \it{斜体}')
    txt={'y={\itAe}^{\alphax}sin(\beta\itt)',...
         ['\itA\rm','=',num2str(A)],...
         ['\alpha=',num2str(alpha)],...
         ['\beta=',num2str(beta)]};
    text(2,22,txt);
```

在 MATLAB 命令行窗口中键入指令:

```
>> tex_examp
```

则会输出如图 4.41 所示图形。

第4章 MATLAB图形基础

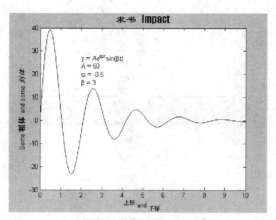

图 4.41 特殊文本加标注

4. 图形窗口的子图分割

在实际应用中,经常需要在一个图形窗口内绘制若干个独立的图形,这就需要对图形窗口进行子图分割。分割后的图形窗口由若干个绘图区组成,每一个绘图区可以建立独立的坐标系并绘制图形。同一图形窗口中的不同图形称为子图。MATLAB 系统提供了 subplot 函数,用来将当前图形窗口分割成若干个绘图区。每个区域代表一个独立的子图,也是一个独立的坐标系,可以通过 subplot 函数激活某一区,该区为活动区,所发出的绘图命令都是作用于活动区域。subplot 函数的调用格式为:

◆ subplot(m,n,p)

该函数将当前图形窗口分成 $m \times n$ 个绘图区,即 m 行,每行 n 个绘图区,区号按行优先编号,且选定第 p 个区为当前活动区。在每一个绘图区允许以不同的坐标系单独绘制图形。

● **例 4.10** 在一个图形窗口中以子图形式同时绘制正弦、余弦、正切、余切曲线。

解:程序如下:

```
x=linspace(0,2*pi,60);
y=sin(x);z=cos(x);
t=sin(x)./(cos(x)+eps); ct=cos(x)./(sin(x)+eps);
subplot(2,2,1);
plot(x,y);title('sin(x)');axis([0,2*pi,-1,1]);
subplot(2,2,2);
plot(x,z);title('cos(x)');axis([0,2*pi,-1,1]);
subplot(2,2,3);
plot(x,t);title('tangent(x)');axis([0,2*pi,-40,40]);
subplot(2,2,4);
plot(x,ct);title('cotangent(x)');axis([0,2*pi,-40,40]);
```

程序运行结果如图 4.42 所示。

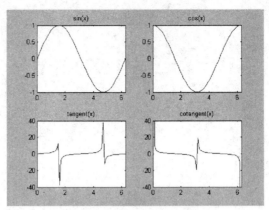

图 4.42　图形窗口的子图分割

有时为了处理数据和绘图的需要，对图形窗口的子图需做灵活的分割，产生不同大小的子图，具体使用如例 4.11 所示。

● **例 4.11**　对图形窗口灵活分割子图的使用。

解：程序如下：

```
x=linspace(0,2*pi,60);
y=sin(x);z=cos(x);
t=sin(x)./(cos(x)+eps); ct=cos(x)./(sin(x)+eps);
subplot(2,2,1);              % 选择2×2个区中的1号区
stairs(x,y);title('sin(x)-1');axis ([0,2*pi,-1,1]);
subplot(2,1,2);              % 选择2×1个区中的2号区
stem(x,y);title('sin(x)-2');axis ([0,2*pi,-1,1]);
subplot(4,4,3);              % 选择4×4个区中的3号区
plot(x,y);title('sin(x)');axis ([0,2*pi,-1,1]);
subplot(4,4,4);              % 选择4×4个区中的4号区
plot(x,z);title('cos(x)');axis ([0,2*pi,-1,1]);
subplot(4,4,7);              % 选择4×4个区中的7号区
plot(x,t);title('tangent(x)');axis ([0,2*pi,-40,40]);
subplot(4,4,8);              % 选择4×4个区中的8号区
plot(x,ct);title('cotangent(x)');axis ([0,2*pi,-40,40]);
```

程序运行结果如图 4.43 所示。

第4章 MATLAB图形基础

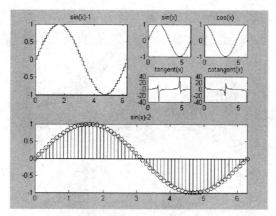

图 4.43 图形窗口的灵活分割

4.3.3 二维图形绘制的其他函数

1. 线性直角坐标图中的其他形式

在线性直角坐标系中，其他形式的图形有条形图、阶梯图、杆图、填充图和面积图等，所采用的函数分别是：

- bar(x,y,选项)
- stairs(x,y,选项)
- stem(x,y,选项)
- fill($x1,y1$,选项1,$x2,y2$,选项2,…)
- area(x,y,选项)

其中前3个函数的用法与plot函数的类似，fill函数按向量元素下标渐增的次序依次用直线连接 x,y 对应的元素定义数据点。假如这样连接后得不到封闭曲线，那么MATLAB将会自动把折线的首尾连接起来，构成封闭的曲线，然后将其内部按指定的颜色填充，而area函数是把曲线与 x 轴、x 的最大值、y 轴所围的部分按指定的颜色填充。

● **例 4.12** 分别以条形图、填充图、阶梯图和杆图形式绘制曲线 $y=2e^{-0.4x}$。

解：程序如下：

```
x=0:0.35:7;
y=2*exp(-0.4*x);
subplot(2,2,1);bar(x,y,'g');
title('bar(x,y,"g")');axis([0,7,0,2]);
subplot(2,2,2);fill(x,y,'r');
title('fill(x,y,"r")');axis([0,7,0,2]);
subplot(2,3,4);stairs(x,y,'b');
title('stairs(x,y,"b")');axis([0,7,0,2]);
subplot(2,3,5);stem(x,y,'k');
title('stem(x,y,"k")');axis([0,7,0,2]);
subplot(2,3,6);area(x,y);
title('area(x,y)');axis([0,7,0,2]);
```

程序运行结果如图 4.44 所示。

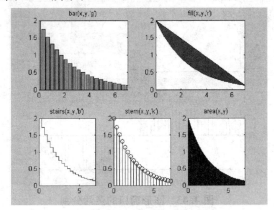

图 4.44　几种不同形式的二维图形

2. 极坐标图

polar 函数用来绘制极坐标图，其调用格式为：
- polar(theta,rho,选项)

其中 theta 为极坐标极角，rho 为极坐标矢径，选项的内容与 plot 函数相似。

例 4.13　绘制 $\rho=\sin(3\theta)\cos(3\theta)$ 的极坐标图。

解：程序如下：

theta＝0：0.01：2＊pi;
rho＝sin(3＊theta).＊cos(3＊theta);
polar(theta,rho,'r');

程序运行结果如图 4.45 所示。

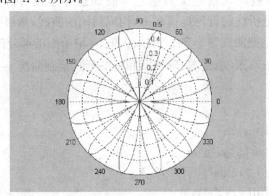

图 4.45　极坐标绘图

3. 对数坐标图形

对数坐标系及其绘制，经常会应用在不同的工程应用实践中。MATLAB 提供了绘制对数和半对数坐标曲线的函数，调用格式为：
- semilogx($x1,y1$,选项 1,$x2,y2$,选项 2,…)
- semilogy($x1,y1$,选项 1,$x2,y2$,选项 2,…)

◆ loglog($x1,y1$,选项 1,$x2,y2$,选项 2,…)

其中,选项的定义与 plot 函数完全一致,所不同的是坐标轴的选取。semilogx 函数使用半对数坐标,x 轴为常用对数刻度,而 y 轴仍保持线性刻度。semilogy 函数也使用半对数坐标,y 轴为常用对数刻度,而 x 轴仍保持线性刻度。loglog 函数使用全对数坐标,x、y 轴均采用常用对数刻度。

● 例 4.14 绘制 $y=12x^2$ 的对数坐标图并与直角线性坐标图进行比较。

解:程序如下:

x=0:0.1:10;
y=12*x.*x;
subplot(2,2,1);plot(x,y);title('plot(x,y)');grid on;
subplot(2,2,2);semilogx(x,y);title('semilogx(x,y)');grid on;
subplot(2,2,3);semilogy(x,y);title('semilogy(x,y)');grid on;
subplot(2,2,4);loglog(x,y);title('loglog(x,y)');grid on;

程序运行结果如图 4.46 所示。

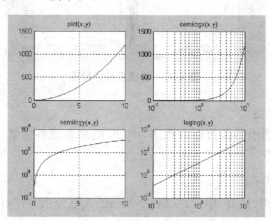

图 4.46 对数坐标绘图

4. 自适应采样绘图函数

前面介绍了很多绘图函数,基本的操作方法为:先取足够稠密的自变量向量 x,然后计算出函数值向量 y,最后用绘图函数绘图。在取数据点时一般都是等间隔采样,这对绘制高频率变化的函数不够精确。为提高精度,绘制出比较真实的函数曲线,就不能等间隔采样,而必须在变化率大的区段密集采样,以充分反映函数的实际变化规律,进而提高图形的真实度。fplot 函数可自适应地对函数进行采样,能更好地反映函数的变化规律。该函数的调用格式为:

◆ fplot(filename,lims,tol,选项)

其中 filename 为函数名,以字符串形式出现。它可以是由多个分量函数构成的行向量,分量函数可以是函数的直接字符串,也可以是内部函数名或函数文件名,但自变量都必须为 x。lims 为 x、y 的取值范围,以行向量形式出现,取二元向量[xmin,xmax]时,x 轴的范围被人为确定,取四元向量[xmin,xmax,ymin,ymax]时,x、y 轴的范围被人为确定。tol 为相对允许误差,其系统默认值为 2e-3。选项定义与 plot 函数相同。

● **例 4.15** 用 fplot 函数绘制 $f(x)=\cos(\tan(\pi x))$ 的曲线。

解：先建立函数文件 myf.m：
function y=myf(x)
y=cos(tan(pi*x));
再用 fplot 函数绘制 myf.m 函数的曲线：
fplot('myf',[-0.2,1.2],1e-4)
程序运行结果如图 4.47 所示。

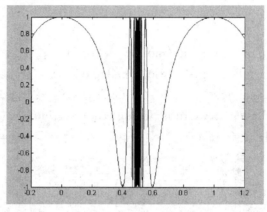

图 4.47 自适应采样绘图

5. 其他形式的图形

MATLAB 提供的绘图函数还有很多,例如,用来表示各元素占总和的百分比的饼图、复数的相量图等等。

● **例 4.16** 绘制图形：

(1) 某次考试优秀、良好、中等、及格、不及格的人数分别为：7,17,23,19,5,试用饼图作成绩统计分析。

(2) 绘制复数的相量图：3+2i、4.5-i 和-1.5+5i。

解：程序如下：
subplot(1,2,1);
pie([7,17,23,19,5]);
title('饼图');legend('优秀','良好','中等','及格','不及格');
subplot(1,2,2);
compass([3+2i,4.5-i,-1.5+5i]);title('相量图');
程序运行结果如图 4.48 所示。

第4章　MATLAB 图形基础

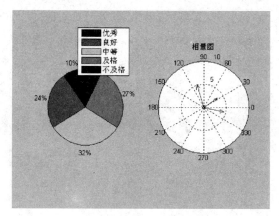

图 4.48　其他形式二维图形绘制

4.4　三维图形绘制

4.4.1　绘制三维曲线的基本函数

最基本的三维图形函数为 plot3，它是在二维绘图函数 plot 的有关功能扩展到三维空间的，plot3 函数与 plot 函数用法十分相似，其调用格式为：

◆ plot3($x1,y1,z1$,选项 1,$x2,y2,z2$,选项 2,…,xn,yn,zn,选项 n)

其中每一组 x,y,z 组成一组曲线的坐标参数，选项的定义和 plot 函数相同，当 x,y,z 是同维向量时，x,y,z 对应元素构成一条三维曲线。当 x,y,z 是同维矩阵时，则以 x,y,z 对应列元素绘制三维曲线，曲线的条数等于矩阵列数。

例 4.17　绘制空间曲线 $\begin{cases} x^2+y^2+z^2=64 \\ y+z=0 \end{cases}$ 的图形。该曲线所对应的参数方程为：

$$\begin{cases} x=8\cos t \\ y=4\sqrt{2}\sin t \\ z=-4\sqrt{2}\sin t \end{cases} \quad 0 \leqslant t \leqslant 2\pi$$

解：程序如下：

t=0：pi/50：2 * pi;
x=8 * cos(t);y=4 * sqrt(2) * sin(t);z=-4 * sqrt(2) * sin(t);
plot3(x,y,z,'p');
title('Line in 3-D Space');text(0,0,0,'origin');
xlabel('X'),ylabel('Y'),zlabel('Z');grid;

程序运行结果如图 4.49 所示。

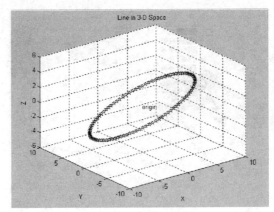

图 4.49 三维曲线

4.4.2 三维曲面绘制

1. 平面网格坐标矩阵的生成

绘制 $z=f(x,y)$ 所代表的三维曲面图,先要在 xy 平面选定一矩形区域,假定矩形区域 $[a,b]×[c,d]$,然后将 $[a,b]$ 在 x 方向分成 m 份,将 $[c,d]$ 在 y 方向分成 n 份,由各划分点分别作平行于两坐标轴的直线,将区域 D 分成 $m×n$ 个小矩形,生成代表每一个小矩形顶点坐标的平面网格坐标矩阵,最后利用有关函数绘图。

产生平面区域内的网格坐标矩阵有两种方法:

(1) 利用矩阵运算生成

x=a:dx:b; y=(c:dy:d)';
X=ones(size(y))*x;
Y=y*ones(size(x));

上述语句执行后,矩阵 X 的每一行都是向量 x,行数等于向量 y 的元素的个数,矩阵 Y 的每一列都是向量 y,列数等于向量 x 的元素的个数。于是 X 和 Y 相同位置上的元素 $(X(i,j),Y(i,j))$ 恰好是区域 D 的 (i,j) 网格点的坐标。若根据每一个网格点上的 x,y 坐标求函数 z,则得到函数值矩阵 Z。显然,x、y、z 各列或各行所对应坐标,对应于一条空间曲线,空间曲线的集合组成空间曲面。

(2) 利用 meshgrid 函数生成。

x=a:dx:b; y=c:dy:d;
[X,Y]=meshgrid(x,y);

语句执行后,所得到的网格坐标矩阵 X、Y 与方法(1)得到的相同。当 $x=y$ 时,meshgrid 函数可写成 meshgrid(x)。

为了说明网格坐标矩阵的用法,下面举一个例子,该例子巧妙地利用网格坐标矩阵来解不定方程。

● **例 4.18** 已知 $6<x<30,15<y<36$,求不定方程 $2x+5y=126$ 的整数解。

解:程序如下:

x=5:29; y=14:35;
[x,y]=meshgrid(x,y);   % 在[5,29]×[14,35]区域生成网格坐标

第4章 MATLAB图形基础

```
z=2*x+5*y;
k=find(z==126);              % 找出解的位置
x(k)',y(k)'                  % 输出对应位置的x,y即方程的解
```
运行结果为：
ans=
    8   13   18   23   28
ans=
    22   20   18   16   14

即方程组共有5组解：(8,22)、(13,20)、(18,18)、(23,16)、(28,14)。

2. 绘制三维曲面的函数

MATLAB 提供了 mesh 函数和 surf 函数来绘制三维曲面图。mesh 函数用于绘制三维网格图。在不需要绘制特别精细的三维曲面图时，可以通过三维网格图来表示三维曲面。surf 用于绘制三维曲面图，各线条之间的补面用颜色填充。mesh 函数和 surf 函数的调用格式为：

◆ mesh(x,y,z,c)
◆ surf(x,y,z,c)

一般情况下，x、y、z 是维数相同的矩阵。x、y 是网格坐标矩阵，z 是网格点上的高度矩阵，c 用于指定在不同高度下的颜色范围。c 省略时，MATLAB 认为 $c=z$，亦即颜色的设定是正比于图形的高度的，这样就可以得出层次分明的三维图形。当 x、y 省略时，把 z 矩阵的列下标当做 x 轴坐标，把 z 矩阵的行下标当做 y 轴坐标，然后绘制三维曲面图。当 x、y 是向量时，要求 x 的长度必须等于 z 矩阵的列数，y 的长度等于 z 矩阵的行数，x、y 向量元素的组合构成网格点的 x、y 坐标，z 坐标则取自 z 矩阵，然后绘制三维曲面图。

● 例 4.19 用三维曲面图表现函数 $z=\sin(y)\cos(x)$。

解：程序(1)
```
x=0:0.1:2*pi;[x,y]=meshgrid(x);z=sin(y).*cos(x);
mesh(x,y,z);xlabel('x-axis'),ylabel('y-axis'),zlabel('z-axis');title('mesh');
```
程序(2)
```
x=0:0.1:2*pi;[x,y]=meshgrid(x);z=sin(y).*cos(x);
surf(x,y,z);xlabel('x-axis'),ylabel('y-axis'),zlabel('z-axis');title('surf');
```
程序(3)
```
x=0:0.1:2*pi;[x,y]=meshgrid(x);z=sin(y).*cos(x);
plot3(x,y,z);xlabel('x-axis'),ylabel('y-axis'),zlabel('z-axis');title('plot3');
grid;
```

程序运行结果分别如图 4.50、4.51 和 4.52 所示。

从图中可以发现，mesh 网格图中线条有颜色，线条间补面无颜色；surf 曲面图的线条是黑色，线条间补面有颜色，还可进一步观察到曲面图补面颜色和网格图线条颜色都是沿 z 轴变化的；而用 plot3 绘制的三维曲面实际上由不同颜色的三维曲线组合而成。

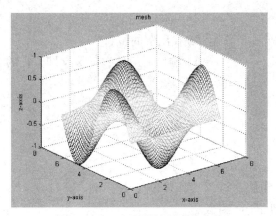

图 4.50　mesh 函数绘制三维曲线

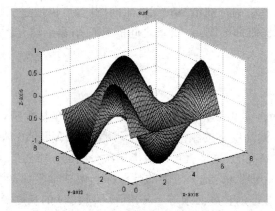

图 4.51　surf 函数绘制三维曲线

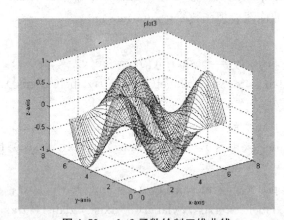

图 4.52　plot3 函数绘制三维曲线

此外,还有两个和 mesh 函数相似的函数,即带等高线的三维网格曲面函数 meshc 和带底座的三维网格曲面函数 meshz。其用法与 mesh 类似,不同的是 meshc 还在 xy 平面上绘制曲面在 z 轴方向的等高线,meshz 还在 xy 平面上绘制曲面的底座。

函数 surf 也有两个类似的函数,即具有等高线的曲面函数 surfc 和具有光照效果的曲面函数 surfl。

第4章 MATLAB图形基础

例 4.20 在 xy 平面 $[-10,10]\times[-10,10]$ 内绘制函数 $z=\dfrac{\sin\sqrt{x^2+y^2}}{\sqrt{x^2+y^2}}$ 的 4 种三维曲面图形。

解：程序如下：

```
[x,y]=meshgrid(-10:0.5:10);
z=sin(sqrt(x.^2+y.^2))./sqrt(x.^2+y.^2+eps);
subplot(2,2,1);
meshc(x,y,z);
title('meshc(x,y,z)');
subplot(2,2,2);
meshz(x,y,z);
title('meshz(x,y,z)');
subplot(2,2,3);
surfc(x,y,z);
title('surfc(x,y,z)');
subplot(2,2,4);
surfl(x,y,z);
title('surfl(x,y,z)');
```

程序执行结果如图 4.53 所示。

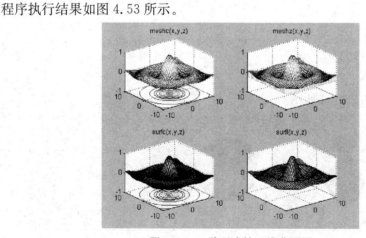

图 4.53 4 种形式的三维曲面图

3. 标准三维曲面函数

MATLAB 提供了一些函数用于绘制标准三维曲面，这些函数可以产生相应的绘图数据，常用于三维图形的演示。例如，sphere 函数和 cylinder 函数分别用于绘制三维球面和柱面。sphere 函数的调用格式为：

◆ [x,y,z]=sphere(n)

该函数将产生 $(n+1)\times(n+1)$ 矩阵 x、y、z，采用这 3 个矩阵可以绘制出圆心位于原点、半径为 1 的单位球体。若在调用该函数时不带输出参数，则直接绘制所需球面 n 决定了球面的圆滑程度，其默认值为 20。若 n 值取得较小，则将绘制出多面体表面图。一一般地，cylinder 函数的调用格式为：
◆ [x,y,z]=cylinder(R,n)

其中，R 是一个向量，存放柱面各个等间隔高度上的半径，n 表示在圆柱圆周上有 n 个间隔点，默认有 20 个间隔点。例如，cylinder(3)生成一个圆柱，cylinder([10,1])生成一个圆锥，而 $t=0:pi/100:4pi$；$R=\sin(t)$；cylinder(R,30)生成一个正弦型柱面。另外，生成矩阵的大小与 R 向量的长度及 n 有关。其余与 sphere 函数相同。

MATLAB 还有一个 peaks 函数，称为多峰函数，常用于三维曲面的演示。该函数可以用来生成绘图数据矩阵，生成的数值矩阵可以作为 mesh、surf 等函数的参数而绘制出多峰函数曲面图。另外，若在调用 peaks 函数时不带输出参数，则直接绘制出多峰函数曲面图。

● **例 4.21** 绘制标准三维曲面图形。

解：程序如下：
```
t=0：pi/20：2*pi；
[x,y,z]=cylinder(2+sin(t),30)；
subplot(1,3,1)；
surf(x,y,z)；
subplot(1,3,2)；
[x,y,z]=sphere；
surf(x,y,z)；
subplot(1,3,3)；
[x,y,z]=peaks(30)；
meshz(x,y,z)；
```
程序执行结果如图 4.54 所示。

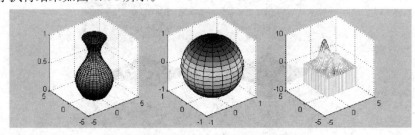

图 4.54 标准三维曲面图形绘制

4.4.3 其他三维图形绘制

在介绍二维图形时，曾提到条形图、杆图、饼图和填充图等特殊图形，它们还可以以三维形式出现，使用的函数分别是 bar3、stem3、pie3 和 fill3。

◆ bar3 函数绘制三维条形图，常用格式为：
◆ bar3(y)
◆ bar3(x,y)

在第一种格式中，y 的每个元素对应于一个条形。第二种格式在 x 指定的位置上绘制 y 中元素的条形图。

第 4 章　MATLAB 图形基础

◆ stem3 函数绘制离散序列数据的三维杆图,常用格式为:
◆ stem3(z)
◆ stem3(x,y,z)

第一种格式将数据序列 z 表示为从 xy 平面向上延伸的杆图,x 和 y 自动生成。第二种格式在 x 和 y 指定的位置上绘制数据序列 z 的杆图,x、y、z 的维数必须相同。

◆ pie3 函数绘制三维饼图,常用格式为:
◆ pie3(x)

其中 x 为向量,用 x 中的数据绘制一个三维饼图。

◆ fill3 函数可在三维空间内绘制出填充过的多边形,常用格式为:
◆ fill3(x,y,z,c)

使用 x、y、z 作为多边形的顶点,而 c 指定了填充的颜色。

例 4.22 绘制三维图形:

(1) 绘制魔方阵的三维条形图。
(2) 以三维杆图形式绘制曲线 $y=3\sin x$。
(3) 已知 $x=[2347,1827,2043,3025]$,绘制三维饼图。
(4) 用随机的顶点坐标值画出 6 个红色三角形。

解:程序如下:

```
subplot(2,2,1);
bar3(magic(5));
subplot(2,2,2);
y=3*sin(0:pi/10:2*pi);
stem3(y);
subplot(2,2,3);
pie3([2347,1827,2043,3025]);
subplot(2,2,4);
fill3(rand(3,6),rand(3,6),rand(3,6),'r');
```

程序执行结果如图 4.55 所示。

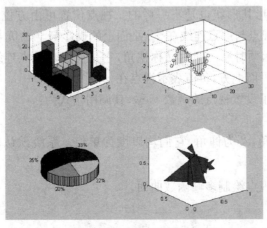

图 4.55　其他三维图形

除了上面讨论的三维图形外,常用图形还有瀑布图和三维曲面的等高线图。绘制瀑布图用 waterfall 函数,它的用法及图形效果与 meshz 函数相似,只是它的网格线是在 x 轴方向出现,具有瀑布效果。等高线图分二维和三维两种形式,分别使用函数 contour 和 contour3 绘制。

● **例 4.23** 绘制多峰函数的等高线图。

解:程序如下:
subplot(1,2,1);
[x,y,z]=peaks;
waterfall(x,y,z);
xlabel('x-axis'),ylabel('y-axis'),zlabel('z-axis');
title(' waterfall of peaks');
subplot(1,2,2);
contour3(x,y,z,12,'k');   % 其中12代表高度的等级数
xlabel('x-axis'),ylabel('y-axis'),zlabel('z-axis');
title('contour3 of peaks');
程序执行结果如图 4.56 所示。

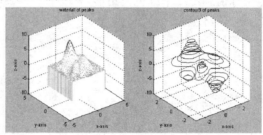

图 4.56 瀑布图和三维等高线图

4.4.4 三维图形的精细处理

1. 视点处理

在日常生活中,从不同的角度观察物体,所看到的物体形状是不一样的。同样,从不同视点绘制的三维图形其形状也是不一样的。视点位置可由方位角和仰角表示。方位角又称旋转角,它是视点与原点连线在 xy 平面上的投影与 y 轴负方向形成的角度,正值表示逆时针,负值表示顺时针。仰角又称视角,它是视点与原点连线与 xy 平面的夹角,正值表示视点在 xy 平面上方,负值表示视点在 xy 平面下方。

MATLAB 提供了设置视点的函数 view,其调用格式为:

◆ view(az,el)

其中,az 为方位角,el 为仰角,它们均以度为单位。系统默认的视点定义为方位角 $-37.5°$,仰角 $30°$。

● **例 4.24** 从不同视点绘制多峰函数曲面。

解:程序如下:
subplot(2,2,1);mesh(peaks);

```
view(-37.5,30);            % 指定子图 1 的视点
title('azimuth=-37.5,elevation=30')
subplot(2,2,2);mesh(peaks);
view(0,90);                % 指定子图 2 的视点
title('azimuth=0,elevation=90')
subplot(2,2,3);mesh(peaks);
view(90,0);                % 指定子图 3 的视点
title('azimuth=90,elevation=0')
subplot(2,2,4);mesh(peaks);
view(-7,-10);              % 指定子图 4 的视点
title('azimuth=-7,elevation=-10')
```

程序执行结果如图 4.57 所示,该图充分反映了视点对图形的影响。

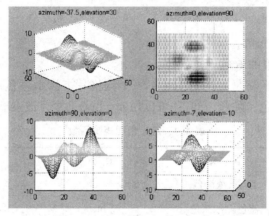

图 4.57 不同视点图形

2. 色彩处理

(1) 颜色的向量表示

MATLAB 除用字符表示颜色外,还可以用含有 3 个元素的向量表示颜色。向量元素在[0,1]范围取值,3 个元素分别表示红、绿、蓝 3 种颜色的相对亮度,称为 RGB 三元组。表 4.3 中列出了几种常见颜色的 RGB 值。

表 4.3 几种常见颜色的 RGB 值

RGB 值	颜 色	字 符	RGB 值	颜 色	字 符
[0 0 1]	蓝色	b	[1 1 1]	白色	w
[0 1 0]	绿色	g	[0.5 0.5 0.5]	灰色	
[1 0 0]	红色	r	[0.67 0 1]	紫色	
[0 1 1]	青色	c	[1 0.5 0]	橙色	
[1 0 1]	品红色	m	[1 0.62 0.40]	铜色	
[1 1 0]	黄色	y	[0.49 1 0.83]	宝石蓝	
[0 0 0]	黑色	k			

(2) 色图

色图(Color Map)是 MATLAB 系统引入的概念。在 MATLAB 中,每个图形窗口只能有一个色图。色图是 $m \times 3$ 的数值矩阵,它的每一行是 RGB 三元组。色图矩阵可以人为地生成,也可以调用 MATLAB 提供的函数来定义色图矩阵。表 4.4 列出了定义色图矩阵的函数,色图矩阵的维数由函数调用格式决定。例如:

M=hot;

生成 64×3 色图矩阵 M,表示的颜色是从黑色、红色、黄色到白色的由浓到淡的颜色。又如:

P=gray(100);

生成 100×3 色图矩阵 P,表示的颜色是灰色由浓到淡。

除 plot 及其派生函数外,mesh、surf 等函数均使用色图着色。图形窗口色图的设置和改变,使用函数:

colorrnap(m)

其中 m 代表色图矩阵。

(3) 三维表面图形的着色

三维表面图实际上就是在网格图的每一个网格片上涂上颜色。surf 函数用默认的着色方式对网格片着色。除此之外,还可以用 shading 命令来改变着色方式。

表 4.4 定义色图矩阵函数

函 数 名	含 义	函 数 名	含 义
autumn	红、黄浓淡色	jet	蓝头红尾饱和值色
bone	蓝色调浓淡色	lines	采用 plot 绘线色
colorcube	三浓淡多彩交错	pink	淡粉红色图
cool	青、品红浓淡色	prism	光谱交错图
copper	纯铜色调线性浓淡色	spring	青、黄浓淡色
flag	红—白—蓝—黑交错色	summer	绿、黄浓淡色
gray	灰色调线性浓淡色	winter	蓝、绿浓淡色
hot	黑、红、黄、白浓淡色	white	全白色
hsv	两端为红的饱和值色		

◆ shading faceted 命令将每个网格片用其高度对应的颜色进行着色,但网格线仍保留着,其颜色是黑色。这是系统的默认着色方式。

◆ shading flat 命令将每个网格片用同一个颜色进行着色,且网格线也用相应的颜色,从而使得图形表面显得更加光滑。

◆ shading interp 命令在网格片内采用颜色插值处理,得出的表面图显得最光滑。

例 4.25 3 种图形着色方式的效果展示。

解:程序如下:

z=peaks(20);colormap(copper);

```
subplot(1,3,1);surf(z);
subplot(1,3,2); surf(z);shading flat;
subplot(1,3,3);surf(z);shading interp;
```
程序执行结果如图 4.58 所示。

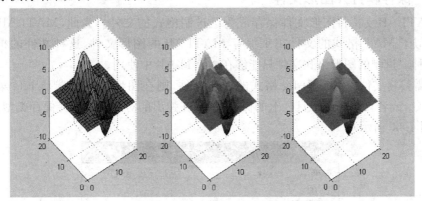

图 4.58　图形着色效果

3. 图形的裁剪处理

MATLAB 定义的 NaN 常数可以用于表示那些不可使用的数据,利用这种特性,可以将图形中需要裁剪部分对应的函数值设置成 NaN,这样在绘制图形时,函数值为 NaN 的部分将不显示出来,从而达到对图形进行裁剪的目的。例如,要削掉余弦波顶部或底部大于 0.4 的部分,可使用下面的程序:

```
x=0:pi/10:4*pi;
y=cos(x);
i=find(abs(y)>04);
x(i)=NaN;
plot(x,y);
```

例 4.26　裁掉例 4.19 三维曲面图程序(2)中 z>0.2 部分。

解:程序如下:

```
x=0:0.1:2*pi;[x,y]=meshgrid(x);z=sin(y).*cos(x);
[I,J]=find(z>0.2);
for ii=1:length(I)
    z(I(ii),J(ii))=NaN;
end
surf(x,y,z);
```

程序执行结果如图 4.59 所示。

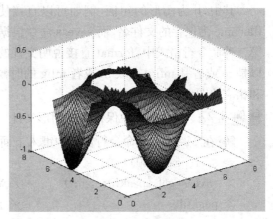

图 4.59　图形的裁剪

4.5 图形的保存和输出

4.5.1 保存和打开图形文件

MATLAB 支持将图形文件保存成为二进制格式的文件。为此,MATLAB 提供了一种类似于 MAT 格式的文件用来保存 MATLAB 的图形文件,这种文件的扩展名为 .fig,这种二进制的图形格式文件只能够在 MATLAB 中使用。

若需要将文件保存成为 fig 格式的图形文件,则在图形窗口中选择 File 菜单下的 Save 命令,或者直接单击工具栏上的保存按钮,在弹出的对话框中选择保存类型为 fig 文件(如图 4.60 所示)。

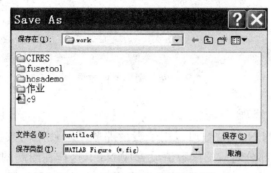

图 4.60 保存图形文件的对话框

另外,MATLAB 的独具特色就是为保存图形文件还提供了相应的命令,这个命令就是 saveas 命令,该命令的一般语法结构如下:

◆ saveas(h,'filename.ext');
◆ saveas(h,'filneame','format');

其中,h 为图形的句柄,例如可以直接使用 gcf 指令获取当前的图形窗口的句柄;filename 为保存的文件名,而 saveas 命令根据 ext 的不同将文件保存为不同的格式。在第二种命令行格式中,format 直接说明文件的保存格式,它可以是图形文件的扩展名,可以是 m 或者是 mfig,在取 m 或者 mfig 的时候,文件将被保存成为一个可调用的 M 文件和相应的图形数据文件。

● **例 4.27** 在命令行中保存打开图形文件

解:在 MATLAB 命令行窗口中键入下面的指令:

```
>> surf(peaks(30))
>> saveas(gcf,'peakfile','m')     % 将图形文件保存为 fig 文件和 M 文件
>> peakfile                        % 调用 M 文件重新显示窗口
>> open('peakfile.fig')            % 使用 open 指令打开文件
```

在上面的短短几行代码中,将图形文件保存成一个 M 文件和一个 fig 文件,其中 M 文件的主要内容是:

```
function h=peakfile
[path, name]=fileparts(which(mfilename));
```

第 4 章 MATLAB 图形基础

```
    figname=fullfile(path,[name '.fig']);
if (exist(figname,'file')), open(figname), else open([name '.fig']), end
if nargout > 0, h=gcf; end
```

在文件中还有大量的注释(此处忽略)。M 文件的代码主要保证了可靠地打开保存的图形文件,最后的 open 指令能够完成同样的功能。

4.5.2 导出到文件

尽管保存 fig 文件非常方便,但是 fig 文件却只能够在 MATLAB 中使用,所以 MATLAB 的图形窗口还可以将图形文件保存成其他的特殊图形格式文件。在表 4.5 中列举了能够直接在图形窗口中导出的图形文件类型。

若将图形文件保存成表 4.5 列举的各种类型文件,则需要通过图形窗口的导出文件工具来执行图形的导出工作。执行图形窗口 File 菜单下的 Export Setup 命令,此时将弹出 MATLAB 的图形导出设置对话框,如图 4.61 所示。

表 4.5 MATLAB 支持的图形文件格式

文件类型	扩展名
增强型图元文件	EMF
位图	BMP
EPS 文件	EPS
EPS 色彩文件	EPS
EPS 二级文件	EPS
EPS 二级色彩文件	EPS
Adobe Illustrator 文件	AI
JEPG 图形文件	JPG
TIFF 图形文件	TIF
TIFF 格式非压缩文件	TIF
便携式网络图像格式	PNG
24 位位图文件	PCX
便携式位图	PBM
便携式灰度图	PGM
便携式像素图	PPM

在这个导出设置对话框中,需要设置的属性包括图片的尺寸(Size)、渲染(Rendering)、字体(Fonts)以及线条(Lines),每个属性都会有不同的具体属性需要分别设置。默认地,在 Export Styles 中包含了图片导出的默认设置:MSWord 和 PowerPoint,这是 MATLAB 根据最常用的工具设定的导出格式,如果用户导出的图片恰好就是为这两种软件所用,则可以直接选择这两组设置。

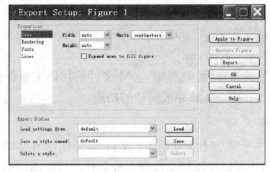

图 4.61　图形导出设置对话框

当完成设置之后,可以将自定义的导出设置保存起来,在 Export Styles 组别下的 Save as style named 文本框中给出样式名称,然后单击 Save 按钮就可以将选定的样式保存起来,以后再导出图形时,就可以直接使用这个样式了。

这里针对例 4.26 中形成的图形进行图形窗口设置导出设置,选择 Size 属性下面的 Expand axes to fill figure 复选框,然后将 Rendering 属性下面的 Colorspace 设置为 grayscale,此时单击 Apply to Figure 按钮之后,可以在图形窗口中看到即将导出的样式,如图 4.62 所示。

如果认为导出的样式不合适,可以单击 Restore Figure 恢复图形窗口原有的样式。如果设置完毕,则单击 Export… 按钮,将图形窗口的内容导出到需要的格式,此时也是通过 Save as 对话框保存图片。

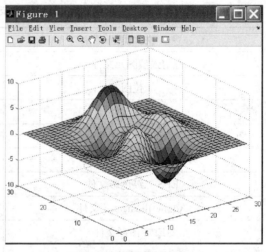

图 4.62　设置导出样式

在前面小节介绍的 saveas 指令中,也可以使用这些扩展名来保存图形文件。例如将图形文件保存为 tiff 格式的文件,命令行为:

◆ saveas(h,filename,'tif');

MATLAB 提供了另外一个功能强大的命令来保存图形文件,这个命令就是 print 命令。print 命令的作用是将图形文件通过打印机输出出来,它也支持将图形文件保存成其他格式的图形文件或者数据文件。这些图形文件不仅是那些在表 4.5 中列出的图形文件,而且还有更多的格式可以被支持,例如 PostScript(是一种页面描述语言)格式的 PS 文件等,具体的使用请读者参阅相关资料。

4.5.3　拷贝图形文件

在 Windows 操作系统中,可以将图形窗口中的内容拷贝到剪贴板上,然后可以将剪贴板上的内容拷贝到任何一个 Windows 应用程序中。拷贝图形不是简简单单地按下快捷键 Ctrl+C 就可以了,而是需要通过图形窗口 Edit 菜单下的 Copy Figure 命令来完成,

第4章 MATLAB图形基础

如图 4.63 所示。

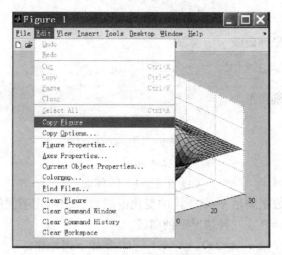

图 4.63 拷贝图形的菜单命令

这时拷贝下来的图形粘贴出来的效果,类似前面章节部分例子的图示效果。控制拷贝图形效果的选项可以通过 MATLAB 菜单下的 Reference 命令弹出的对话框进行设置。这与前面导出图形窗口时的设置有些类似,也针对 Windows 平台下的 MSWord 以及 PowerPoint 提供了默认的选项,相应的对话框如图 4.64 所示。

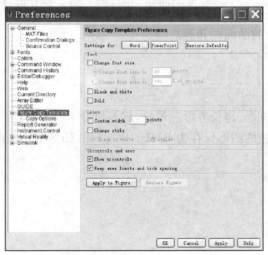

图 4.64 拷贝选项对话框

1. 利用交互式绘图完成一个二维图形的绘制,并在所绘图形中添加坐标、图例、文本等相关信息。

2. 绘制下列二维图形
   (1) $y=x^3+x+1$ (2) $x^2+y^2=4$

(3) $y = \dfrac{1}{4x} e^{\frac{x^2}{2}}$ (4) $\begin{cases} x = 2t^2 \\ y = 6t^3 \end{cases}$

3. 绘制下列极坐标曲线

(1) $\rho = 3\cos\theta + \sin\theta$ (2) $\rho = \dfrac{10}{\cos\theta} + 6$

4. 绘制下列三维图形

(1) $\begin{cases} x = 2\cos t \\ y = \sin t \\ z = t \end{cases}$ (2) $\begin{cases} x = (3 + \cos u)\cos t \\ y = (3 + \cos u)\sin t \\ z = \sin u \end{cases}$

(3) $z = 7$ (4) 半径为 8 的球面

5. 有一组测量数据满足 $y = e^{-at}$,t 的变化范围为 $0 \sim 10$,用不同的线型和标记点画出 $a = 0.1$、$a = 0.2$ 和 $a = 0.5$ 三种情况下的曲线。

6. 已知 $y1 = x^2$,$y2 = \cos(2x)$,$y3 = y1 * y2$,完成下列操作。

(1) 在同一坐标系下用不同的线型绘制 3 条曲线;

(2) 以子图形式绘制 3 条曲线;

(3) 分别用条形图、阶梯图、杆图和填充图绘制 3 条曲线。

7. 分别用 plot 和 fplot 函数绘制函数 $y = \sin\dfrac{1}{x}$ 的曲线,分析两曲线的差别。

8. 根据 $\dfrac{x^2}{a^2} + \dfrac{y^2}{36 - a^2} = 4$ 绘制平面曲线,并分析参数 a 对其形状的影响。

9. 绘制下列函数的曲面图和等高线。

(1) $z = (x^2 - 2x)e^{-x^2 - y^2 - xy}$

(2) $f(x, y) = \dfrac{1}{\sqrt{(x-1)^2 + y^2}} - \dfrac{1}{\sqrt{(x+1)^2 + y^2}}$

10. 绘制一个长方形,将长方形三等份,每等份着不同的颜色。

11. 对 4.8 题形成的图形保存为 BMP、JPG、TIF、EPS 等不同的输出图形格式。

第 5 章　MATLAB 数值计算

数值计算在科学研究与工程应用中有着非常广泛的应用。对于数值计算,用诸如 C 等程序设计语言编程求解不但需要具备专门的数学知识,而且需要具备一定的程序设计技能,这就显得非常麻烦,但用 MATLAB 来编程,一般只需要少数几个语句就能完成求解任务,编程效率高,使用方便。MATLAB 提供了标准多项式的常用函数,包括求根、相乘、相除等。这些功能在进行现代数字信号处理与分析时非常有用。

5.1　多项式计算

5.1.1　多项式的创建

在 MATLAB 里,多项式由一个行向量表示,它的系数是按降序排列。例如:一个 n 次的多项式可以表示为:

$$p(x)=a_n x^n+a_{n-1}x^{n-1}+\cdots+a_1 x+a_0$$

因此,在 MATLAB 里可以用一个长度为 $n+1$ 的系数矢量来表示 $p(x)$ 如下:

$$p=[a_n,a_{n-1},\cdots,a_1,a_0]$$

这样,在 MATLAB 中,将多项式问题转化为矢量问题。

创建多项式的方法有以下几种。

1. 系数矢量的直接输入法

在 MATLAB 命令窗口直接输入多项式的系数矢量,然后利用转换函数 poly2sym 将多项式由系数矢量形式转换为符号形式。

● 例 5.1　输入系数矢量,创建多项式 $x^5+2x^4+6x^3-5x^2+3x+9$。

解:在命令窗口输入系数矢量,并转换为多项式。

```
≫ poly2sym([1  2  6  −5  3  9])
   ans=
       x^5+2 * x^4+6 * x^3−5 * x^2+3 * x+9
```

2. 特征多项式输入法

创建多项式的另一种方法是由矩阵的特征多项式取得,由函数 poly 实现。

需要说明的是 n 阶方阵的特征多项式系数矢量一定是 $n+1$ 阶,同时特征多项式系数矢量的第一个元素必须为 1。

● 例 5.2　求矩阵 $\begin{bmatrix} 7 & 8 & 9 \\ 4 & 5 & 6 \\ 1 & 2 & 3 \end{bmatrix}$ 的特征多项式系数,并转换为多项式形式。

解：在命令窗口输入矩阵，求特征多项式系数并转换为多项式形式。
≫ A=[7 8 9;4 5 6;1 2 3];
≫ B=poly(A)
B=
  1.0000 −15.0000 18.0000 0.0000
≫ poly2sym(B)
 ans=
  x^3−15 * x^2+18 * x+1.8501e−015

3. 由根矢量创建多项式

由给定的根矢量也可以创建多项式，同样由函数 poly 实现。但要注意由根矢量创建多项式时，如果希望创建实系数多项式，则根矢量的复数根必须共轭成对。

● **例 5.3** 利用根矢量创建多项式。

解：输入语句
≫ v=[0.5 0.6i −0.4 −0.6i]
v=
  0.5000 0+0.6000i −0.4000 0−0.6000i
≫ p=poly(v)
  1.0000 −0.1000 0.1600 −0.0360 −0.0720
≫ pr=poly2sym(p)
  x^4−1/10 * x^3+4/25 * x^2−9/250 * x−9/125

需要 MATLAB 无隙地处理复数时，当用根重组多项式，如果一些根有虚部，由于截断误差，则含复数根的根矢量所创建的多项式系数矢量的系数中，有可能带有很小（在截断误差数量级）的虚部。要消除虚假的虚部，可以使用函数 real 抽取实部。

5.1.2　多项式的运算

1. 求多项式的值

多项式的值有两种算法，一种按数组运算规则计算，对应的函数为 polyval；另一种按矩阵运算规则计算，对应的函数为 polyvalm。

函数 polyval 的调用格式为：

◆ y=polyval(p, x)：求多项式 p 在 x 点的值，x 也可以是一数组，表示求多项式 p 在各点的值。

● **例 5.4** 求在 $x=6$ 时多项式 $(x-1)(x-2)(x-3)(x-4)(x-5)$ 的值。

解：命令窗口输入多项式系数，并计算
≫ p=poly([1 2 3 4 5]);
≫ polyval(p,6)
 ans=
  120

函数 polyvalm 的调用格式为：

◆ y=polyvalm(p, x)：求多项式 p 对于矩阵 x 的值，要求矩阵 x 必须是方阵，如果是一标量，求得的值与函数 polyval 相同。

● 例 5.5　求多项式 $x^4+3x^3+x^2+2x+1$ 对于矩阵 $\begin{bmatrix} 3 & 6 \\ 8 & 4 \end{bmatrix}$ 及标量 7 的值。

解：命令窗口输入多项式系数，并计算
```
>> p=[1  3  1  2  1];
>> polyvalm(p,[3  6;8  4])
    ans=
         7186        6666
         8888        8297
>> polyvalm(p,7)
    ans=
         3494
```

● 例 5.6　对多项式进行估值。

解：在命令窗口输入
```
>> p=[1  4  2];
>> x=0:0.8:4;
>> y=polyval(p,x)
    y=
        2.0000    5.8400    10.9600    17.3600    25.0400    34.0000
```
其中 x 和 y 都是长度为 6 的向量，$y(i)$ 的值即为 $p(x)=x^2+4x+2$ 在 $x=x(i)$ 时的函数值。

2．求多项式的根

在 MATLAB 中约定多项式的系数用行矢量表示，一组根用列矢量表示。

求取多项式的根，即多项式为零的值，可能是许多学科共同的问题。MATLAB 进行多项式的求根运算时，可以直接调用求根函数 roots。

● 例 5.7　求解多项式 $x^3-x^2+4x+10$ 的根。

解：在命令窗口输入多项式系数。
```
>> a=[1  -1  4  10];
>> r=roots(a);
    r=
         1.1879+2.4202i
         1.1879-2.4202i
         -1.3758
```
在 MATLAB 中，roots() 和 poly() 互为逆运算。
```
>> pp=poly(r)    % r 为多项式的根,pp 为还回多项式的系数(行向量表示)
    pp=
         1.0000    -1.0000    4.0000    10.0000
```
但要注意区别 fzero 和 roots 命令，fzero 可用于一般函数的求根，它一次只能找到一

个根,所用的方法是牛顿法,而 roots 命令只能用于多项式的求根,但它一次能找到全部的根。

3. 多项式的加减

对多项式加法,MATLAB 没有直接提供一个专门的函数。多项式的加减,可直接利用向量的加减运算。

例 5.8 若有两个多项式分别为 $p1(x)=x^3+x+1$ 及 $p2(x)=x^2-x+2$,计算其和与差。

解:输入语句
```
>> p1=[1,0,1,1];
>> p2=[0,1,-1,2];
>> p1+p2
ans=
    1    1    0    3
>> p1-p2
ans=
    1   -1    2   -1
```

结果是其和为 x^3+x^2+3,其差为 x^3-x^2+2x-1。

当两个多项式的阶次不同时,低阶的多项式必须用首零填补,使其与高阶多项式有同样的阶次。即矩阵 $p1$ 与 $p2$ 的长度必须一致,否则 MATLAB 就会产生运算错误的信息。

4. 多项式的乘除运算

多项式的乘法由 conv 实现,conv 也是矢量的卷积函数,多项式的除法由函数 deconv 实现,deconv 也是矢量的卷积函数的逆函数。

例 5.9 计算多项式乘法 $(x^3+x^2+2x+2)(x^3+2x^2+5x+4)$。

解:输入语句
```
>> c=conv([1 1 2 2],[1 2 5 4])
c=
    1    3    9    15    18    18    8
```

相乘后多项式为 $x^6+3x^5+9x^4+15x^3+18x^2+18x+8$

在一些特殊情况,一个多项式需要除以另一个多项式。在 MATLAB 中,由函数 deconv 完成。若要求 $p1(x)$ 除以 $p2(x)$ 的商式与余式,可输入:
```
>> p1=[1,0,1,1];
>> p2=[1,-1,2];
>> [q, r]=deconv(p1,p2)
q=
    1    1
r=
    0    0    0   -1
```

第5章 MATLAB数值计算

这代表 $p1(x)$ 除以 $p2(x)$ 后得到的商式为 $q(x)=x+1$, 余式为 $r(x)=-1$。或者用下面命令计算。

>> d=deconv(pl, p2)

5. 多项式的微积分

多项式的微分由函数 polyder 实现, 多项式的积分由函数 polyint 实现。

例 5.10 计算多项式 $g(x)=x^8+5x^7+4x^6+6x^5+20x^4+48x^3+27x^2+72x+39$ 的微分。

解: 在命令窗口输入多项式系数。

>> g=[1 5 4 6 20 48 27 72 39];
>> h=polyder(g)
   h=
      8 35 24 30 80 144 54 72

这表示 $g(x)$ 微分后的结果

$$h(x)=8x^7+35x^6+24x^5+30x^4+80x^3+144x^2+54x+72$$

例 5.11 计算多项式 $h(x)=8x^7+35x^6+24x^5+30x^4+80x^3+144x^2+54x+72$ 的积分。

解: 在命令窗口输入多项式系数。

>> h=[8 35 24 30 80 144 54 72];
>> q=polyint(h)
   q=
      1 5 4 6 20 48 27 72 0

这即表示 $h(x)$ 积分后的结果为:

$$q(x)=x^8+5x^7+4x^6+6x^5+20x^4+48x^3+27x^2+72x+0$$

此积分中假定积分后不定常数为 0。

6. 多项式的部分分式

在许多应用中, 例如傅里叶(Fourier)变换, 拉普拉斯(Laplace)变换和 z 变换, 会出现有理多项式或两个多项式之比。在 MATLAB 中, 有理多项式由它们的分子多项式和分母多项式表示。

对于多项式 $B(s)$ 和不含重根的 n 阶多项式 $A(s)$ 之比, 则分式 $\frac{B(s)}{A(s)}$ 可以展开为:

$$\frac{B(s)}{A(s)}=\frac{r_1}{s-p_1}+\frac{r_2}{s-p_2}+\cdots+\frac{r_n}{s-p_n}+c(s)$$

其中 $p_1, p_2, \cdots, p_n$ 为 $A(s)$ 的根, 称为极点, $r_1, r_2, \cdots, r_n$ 为常数, 称为留数; $c(s)$ 为一多项式, 称为直项。

假如 $A(s)$ 有 m 重根, 则相应的部分写成:

$$\frac{r_j}{s-p_j}+\frac{r_{j+1}}{(s-p_j)^2}+\cdots+\frac{r_{j+m-1}}{(s-p_j)^m}$$

在 MATLAB 中, 计算部分分式展开的函数为 residue, 其调用格式为:

◆ [r,p,k]=residue(b,a) 计算由多项式表达式 $B(s)$ 和以 $A(s)$ 分别为分子和分母

时所得的留数 r、极点 p 和直项 k。

◆ [b,a]=residue(r,p,k)　将部分分式的展开转换回多项式表达式 $B(s)$ 和 $A(s)$ 的系数。

例 5.12　求 $\dfrac{4s+9}{s^2+7s+8}$ 的部分分式展开式。

解：输入语句
```
>> b1=[4,9];
>> a1=[1,7,8]
>> [r,p,k]=residue(b,a)
r=
    3.2127
    0.7873
p=
   -5.5616
   -1.4384
k=
    []
```

结果是余数、极点和部分分式展开的常数项。

以上结果为：$\dfrac{4s+9}{s^2+7s+8}=\dfrac{3.2127}{s+5.5616}+\dfrac{0.7873}{s+1.4384}$

residue 这个函数也执行逆运算，将部分分式转回原来的形式，输入如下：
```
>> [b2,a2]=residue(r,p,k)
b2=
    4.0000    9.0000
a2=
    1    7    8
```

7. 曲线拟合

曲线拟合（Curve Fitting）是在数据分析上常用的方法，就是利用一参数化的曲线构造函数 $y=g(x)$ 来逼近一组给定的数据点所构成的函数 $f(x)$，可是参数化的曲线 $g(x)$ 不可能严格的通过采样点，但能够希望 $g(x)$ 尽可能地靠近这些点，就是使其误差 $\delta_i = g(x_i) - f(x_i), (i=1,2,\cdots,n)$ 在某种意义上达到最小。若此参数化的曲线是一个多项式，则这种曲线拟合又称为多项式拟合（Polynomial Fitting）。

多项式拟合的函数为 polyfit，该拟合函数的结果将保证在数据点上拟合的值与数据值差的平方和最小，即最小二乘曲线拟合。其调用格式为：

◆ p=polyfit(x,y,n)　应用最小二乘法求出 n 阶拟合多项式 $g(x)$，使 $g(x)=y$。

◆ [p,s]=polyfit(x,y,n)　返回 n 阶拟合多项式 $g(x)$ 和包括误差估计的结构 s。

例 5.13　用一个 3 次多项式在区间 $[0,2\pi]$ 内逼近函数 $\sin(x)$。

解：在命令窗口输入如下命令：
```
>> X=linspace(0,2*pi,50);Y=sin(X);
```

```
>> [p,s]=polyfit(X,Y,3)           % 得到 3 次多项式的系数和误差
>> plot(X,Y,'r:*',X,polyval(P,X),'-o')
   p=
       0.0912   -0.8596    1.8527   -0.1649
   s=
       R：[4×4 double]
       df：46
       normr：0.5055
```
其中拟合多项式为：$0.0912x^3-0.8596x^2+1.8527x-0.1649$

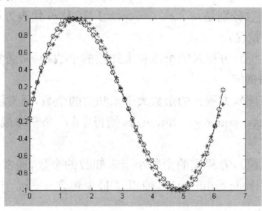

图 5.1　用 3 次多项式对正弦函数进行的拟合

图 5.1 绘出了 $\sin x$（红色 * 虚线表示）和 3 次多项式（蓝色 o 实线）的函数曲线，可以看到拟合还是比较好。

但并不是拟合的阶次越高越好，一方面，提高阶次必然会增加计算量；另一方面，与数据点吻合得很好也不能说明拟合的结果准确度会提高，高阶多项式对噪声（Noise）的敏感度较高，因此容易产生不准确的预测。

表 5.1 对 MATLAB 中常用多项式函数做了总结。

表 5.1　MATLAB 语言中的多项式函数

函 数 名	说　　明	函 数 名	说　　明
roots	多项式求根	polyfit	多项式拟合
poly	由根来创建多项式	polyder	求多项式导数
polyval	多项式求值	poiyint	多项式积分
polyvaim	矩阵多项式求值	conv	多项式乘法
residue	部分分式展开	deconv	多项式除法

5.2　线性方程求解

在分析及解决问题的过程中，通常根据已知条件将系统以方程的形式来表示，再由

求出的方程解来进一步求解系统,所以解线性方程是非常重要的。

解线性方程就是找出是否存在一个唯一矩阵 x,使得矩阵 a、b 满足以下关系: $ax=b$ 或 $xa=b$,MATLAB 以斜线和反斜线来表示除法运算,其中:

◆ $x=a \backslash b$ 是方程式 $ax=b$ 的解。

◆ $x=b/a$ 是方程式 $xa=b$ 的解。

不论是 $x=a \backslash b$ 还是 $x=b/a$,系数矩阵 a 都是分母。通常线性方程大多数写成 $ax=b$,很少写成 $xa=b$,所以反斜线"\"比较常用,而斜线"/"则很少使用,两者间有下面的置换关系:

$$(b/a)' = (a' \backslash b')$$

假设 a,x,b 的维数分别是 $m \times n$、$n \times 1$、$m \times 1$,其中 m 代表方程式的数目,n 则是未知数的数目,分成三种情况:

(1) $m=n$(方阵系统),方程式的个数和未知数的个数相等,通常会有一组解满足 $ax=b$ 可以尝试计算的精确解。

(2) $m>n$(超定系统),方程式的个数大于未知数的个数,通常没有解可满足,但可转而求取最小平方解(Least-squares solution)x,使得 $\|ax-b\|$ 为最小值。可以尝试计算最小二乘解。

(3) $m<n$(欠定系统),方程式的个数小于未知数的个数,通常有无限多组解可满足 $ax=b$,可寻求一基解(Basic Solution)x,使得 x 最少包含 $n-m$ 个零元素。可以尝试计算含有最少 m 的基解。

5.2.1 方阵系统线性方程

最常见的线性方程是系数矩阵为方阵 a 和由常数项组成列矢量 b 的情况,则解 $x=a \backslash b$,其中 x 与矩阵 b 的列数相同。

● 例 5.14 a 和 b 均为方阵,求方阵系统的根。

解:在命令窗口产生随机方阵 a 和 b。

```
≫ a=ceil(rand(4,4)*12)
    a=
        9    9    3    2
        5    6    9    9
        10   4    4    5
        7    3    7    11
≫ b=ceil(rand(4,4)*10)
    b=
        4    7    6    3
        8    7    9    3
        6    8    2    9
        5    10   10   8
≫ x=a\b
    x=
```

0.5113	0.4556	−0.7735	1.1028
−0.4739	0.3206	1.5226	−0.8397
1.8214	−0.6071	−1.5714	0.0714
−0.9007	0.9181	1.9861	0.2091

5.2.2 超定系统线性方程

线性方程的超定系统是指方程的个数多于自变量的个数的系统。求解超定系统一般采用最小二乘法。

● **例 5.15** 有一组测量数据如下表所示,数据具有 $y=x^2$ 的变化趋势,用最小二乘法求解 y。

x	1	1.5	2	2.5	3	3.5	4	4.5	5
y	−1.4	2.7	3	5.9	8.4	12.2	16.6	18.8	26.2

解:输入语句

```
>> x=[1  1.5  2  2.5  3  3.5  4  4.5  5]';
>> y=[-1.4  2.7  3  5.9  8.4  12.2  16.6  18.8  26.2]';
>> e=[ones(size(x))  x.^2];
>> c=e\y
   c=
       -1.0685
        1.0627
>> x1=[1:0.1:5]';
>> y1=[ones(size(x1)), x1.^2]*c;
>> plot(x,y,'ro',x1,y1,'k')
```

曲线如图 5.2 所示。

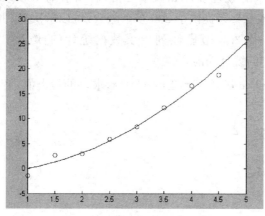

图 5.2 实验数据与拟合曲线

5.2.3 欠定系统线性方程

如果一个系统中未知数的个数比方程式的个数多,称系统为欠定系统,或称线性相关系统。在线性领域里,这种系统还会伴随约束条件,但这里不讨论有约束条件的情况,只讨论无约束条件的情况。

欠定系统的解都不唯一,MATLAB 会计算一组构成通解的基解,而方程的特解则由 QR 分解法来决定。欠定系统有两种算法,即最小元素的特解。a\b 和最小范数的特解 pinv(a) * b(pinv 为求矩阵的伪逆函数)。

● 例 5.16 已知 $a=\begin{bmatrix} 2 & 4 & 7 & 4 \\ 9 & 3 & 5 & 6 \end{bmatrix}, b=\begin{bmatrix} 8 \\ 5 \end{bmatrix}$ 求欠定方程组 $ax=b$ 的最小范数解。

解:输入语句
```
>> a=[2 4 7 4;9 3 5 6];
>> b=[8 5]';
>> x=pinv(a)*b
x=
    -0.2151
    0.4459
    0.7949
    0.2707
```

5.3 数据分析

在 MATLAB 语言中,由于操作的对象是数组或矩阵,可以同时对一组数据进行操作,比其他程序设计语言更为方便地完成数据的统计分析工作。

5.3.1 基本统计命令

MATLAB 提供了一系列数据统计函数,通过运用这些函数,可以完成基本的数据统计分析。如果进行深入的数理统计和概率分析,可以借助于 MATLAB 的统计工具箱(Statistic Toolbox),该工具箱提供了 200 多个函数,可以解决各种复杂的数理统计和概率分析问题。在第 2 章 2.3 节已经列出了数据统计的部分常用函数,本节只介绍 MATLAB 基本平台中的统计功能。

● 例 5.17 $y=\sin(x), x$ 从 $0\sim 2\pi, \Delta x=0.02\pi$,求 y 的最大值、最小值、均值和标准差。

解:输入语句
```
>> x=0:0.02*pi:2*pi;
>> y=sin(x);
>> ymax=max(y)
ymax=
    1
>> ymin=min(y)
ymin=
    -1
>> ymean=mean(y)
```

第 5 章　MATLAB 数值计算

```
          ymean=
                2.2995e-017
>> ystd=std(y)
          ystd=
                0.7071
```

MATLAB 中规定：在进行统计运算时，如果输入量为矢量，则不论是行矢量还是列矢量，运算是对整个矢量进行的。如果变量不是矢量而是矩阵，则按列进行运算，运算结果不是一个数值而是一个行矢量。以求最大值为例，$\max(a)$ 的结果是一个行矢量，代表了每一列的最大值，如果希望求得 a 的最大值，可以再计算一次，如 $amax=\max(\max(a))$，也可以使用 $amax=\max(a(:))$。

以上规定不仅适用于 MATLAB 数据分析函数，而且也适用于所有 MATLAB 函数。建议用户编制程序时，尽量遵循以上约定，以便更好地利用 MATLAB 现有函数和命令。

● **例 5.18**　给出 3 个学生的语文、数学、物理、化学和英语的成绩如下：

```
score=[90  99  98  67  67
       90  67  87  56  77
       89  99  76  97  77];
```

求：

(1) 各科成绩总分。
(2) 各科成绩平均分。
(3) 各科成绩最高分。
(4) 各科成绩最高分，并返回获得最高分的学生编号。
(5) 各科成绩最低分。
(6) 各科成绩最低分，并返回获得最低分的学生编号。
(7) 各学生成绩总分。
(8) 各学生的平均分。
(9) 各科成绩的标准差。
(10) 各科成绩的标准差的平方。

解：程序代码如下。

```
>> score=[90  99  98  67  77
          90  67  87  56  67
          89  99  76  97  77];
>> score_sum=sum(score)          % 求各科成绩总分
   score_sum=
        269    265    261    220    221
>> score_avg=score_sum./3         % 求各科成绩平均分
   score_avg=
        89.6667   88.3333   87.0000   73.3333   73.6667
>> score_max=max(score)           % 求各科成绩最高分
   score_max=
```

165

```
            90    99    98    97    77
>> [score_max,score_max_student]=max(score)
                         % 求各科成绩最高分,并返回获得最高分的学生编号
score_max=
            90    99    98    97    77
score_max_student=
            1     1     1     3     2
>> score_min=min(score)    % 求各科成绩最低分
score_min=
            89    67    76    56    67
>> [seore_min,score_min_student]=min(score)
                         % 求各科成绩最低分,并返回获得最低分的学生编号
seore_min=
            89    67    76    56    67
score_min_student=
            3     2     3     2     1
>> score_student_sum=sum(score')        % 求各学生成绩总分
score_student_sum=
            421   377   438
>> score_student_avg=score_student_sum./3    % 求各学生的平均分
score_student_avg=
            84.2000   75.4000   87.6000
>> std(score)                           % 各科成绩的标准差
ans=
            0.5774   18.4752   11.0000   21.2211   5.7735
>> var(score)                           % 各科成绩的标准差的平方
ans=
            0.3333   341.3333   121.0000   450.3333   33.3333
```

由上述的实例可见,通过数据分析函数可以完成各种简单的统计分析,当然使用MATLAB还可以完成更为复杂的统计运算,具体执行方式可通过MATLAB帮助获得。

5.3.2 协方差阵和相关阵

MATLAB 中,函数 cov 用于求矩阵的协方差矩阵,函数 corrcoef 用于求矩阵的相关系数矩阵。相关系数是衡量两个矢量线性关系密切程度的量,如果两个矢量组相等则其相关系数为1,如果两个矢量组相互独立则其相关系数为0。表5.2中列出了协方差函数 cov 和相关系数函数 corrcoef 的算法。

第5章 MATLAB 数值计算

表 5.2 函数 cov 和 corrcoef 的算法

函　数	功　能
c=cov(x)	求 x 的协方差阵 $cov|x|=E|(x-u_x)^T(x-u_x)|$
c=cov(x,y)	求两随机变量的互协方差阵 $\begin{bmatrix} \sigma_x^2 & cov(x,y) \\ cov(y,x) & \sigma_y^2 \end{bmatrix}$
p=corrcoef(x)	求 x 的相关系数阵 $p(i,j)=\dfrac{c(i,j)}{\sqrt{c(i,i)}\sqrt{c(j,j)}}$
p=corrcoef(x,y)	求两随机变量的相关系数阵

例 5.19　$x=[1\ 2\ 3\ 4\ 5], y=[4\ 5\ 6\ 7\ 8]$，计算 x 的协方差、y 的协方差、x 与 y 的互协方差。

解：输入语句
```
>> x=[1 2 3 4 5];
>> y=[4 5 6 7 8];
>> cx=cov(x)
cx=
    2.5000
>> cy=cov(y)
cy=
    2.5000
>> cxy=cov(x,y)
cxy=
    2.5000    2.5000
    2.5000    2.5000
```

5.3.3　数值微积分

数值微分（差分）、梯度及积分运算是重要的数值运算方法，MATLAB 提供的函数，可以解决大多数微分、差分及梯度计算的问题。这与前面介绍的多项式的微积分函数有所不同。

1. 数值微分及差分

MATLAB 中，没有直接提供求数值导数的函数，只有计算微分和差分的函数。求微分、差分的函数为 diff，其调用格式为：

◆ y=diff(x)：计算相邻元素的差分。对于矢量，该运算返回一个较原矢量长度少一个元素的矢量，其值为 $[X(2)-X(1)\ \ X(3)-X(2)-\cdots-X(n)-X(n-1)]$；对于矩阵，该运算返回一个较原矩阵少一行的矩阵，其值为矩阵列的差分；对于数组返回沿第一个非独立维的差分。

◆ y=diff(x,n)：求 n 阶差分，即 diff(x,2) 表示 diff(diff(x))。

◆ y=diff(x, n, dim)：计算矩阵 x 的 n 阶差分，$dim=1$ 时（缺省状态），按列计算差

分,$dim=2$,按行计算差分。

● **例 5.20** 求向量 $\sin(X)$ 的 1～3 阶差分。设 X 由 $[0,2\pi]$ 间均匀分布的 10 个点组成。

解: 命令如下:

≫ X=linspace(0,2*pi,10);
≫ Y=sin(X);
≫ DY=diff(Y);   % 计算 Y 的一阶差分
≫ D2Y=diff(Y,2);   % 计算 Y 的二阶差分,也可用命令 diff(DY)计算
≫ D3Y=diff(Y,3);   % 计算 Y 的三阶差分,也可用 diff(D2Y)或 diff(DY,2)

输出结果分别是:

X=

  0 0.6981 1.3963 2.0944 2.7925 3.4907
  4.1888 4.8869 5.5851 6.2832

Y=

  0 0.6428 0.9848 0.8660 0.3420 −0.3420
  −0.8660 −0.9848 −0.6428 −0.0000

DY=

  0.6428 0.3420 −0.1188 −0.5240 −0.6840 −0.5240
  −0.1188 0.3420 0.6428

D2Y=

  −0.3008 −0.4608 −0.4052 −0.1600 0.1600 0.4052
  0.4608 0.3008

D3Y=

  −0.1600 0.0556 0.2452 0.3201 0.2452 0.0556
  −0.1600

2. 近似梯度

求近似梯度的函数为 gradient,其调用格式为:

◆ fx=gradient(f):返回 f 的一维梯度值,$fx=\frac{\partial f}{\partial x}$。

◆ [fx,fy]=gradient(f):返回 f 的二维梯度值,$fx=\frac{\partial f}{\partial x}$,$fy=\frac{\partial f}{\partial y}$。

● **例 5.21** 计算 $z=e^{x^2}$ 的梯度值。

解: 输入语句

≫ x=−1:0.2:1;
≫ z=exp(x.^2);
≫ fx=gradient(z)

fx=

  −0.8218 −0.6425 −0.3615 −0.1963 −0.0868 0
  0.0868 0.1963 0.3615 0.6425 0.8218

3. 数值积分

数值的定积分求解形如 $y=\int_a^b f(x)dx$，被积函数一般是用一个解析式给出，但也有很多情况下用一个表格形式给出。在 MATLAB 中，对这两种给定被积函数的方法，提供了不同的数值积分函数。

（1）被积函数是一个解析式

MATLAB 提供了 quad 函数和 quadl 函数来求定积分。具用格式为：

◆ quad(f,a,b,tol,trace)

◆ quadl(f,a,b,tol,trace)

这两函数用于求被积函数 $f(x)$ 在 $[a,b]$ 上的定积分，tol 是计算精度，默认值是 tol=10^{-6}。trace 控制是否展现积分过程，若取非 0 时则展现积分过程，取 0 则不展现。注意，调用 quad 函数时，先要建立一个描述被积函数 $f(x)$ 的函数文件或语句函数。当被积函数 f 含有一个以上的变量时，quad 函数的调用格式为：

◆ quad(f,a,b,tol,trace,g1,g2)

数值积分函数还有一种形式 quad8，其用法与 quad 完全相同。

● **例 5.22** 用两种不同的方法求积分 $I=\int_0^1 e^{-x^2}dx$ 的值。

解：先建立一个函数文件 ex.m：

```
function ex=ex(x)
ex=exp(-x.^2);            % 注意应用点运算
return
```

然后，在 MATLAB 命令窗口输入命令：

```
>> format long
>> quad('ex',0,1,1e-6)     % 注意函数名应加字符引号
   ans=
       0.74682418072642
>> quadl('ex',0,1,1e-6)    % 用另一函数求积分
   ans=
       0.74682413398845
>> quad8('ex',0,1,1e-6)    % 再用另一函数求积分
   ans=
       0.74682413398845
```

（2）被积函数由一个表格定义

在科学实验和工程应用中，一般只有实验测定数据的样本点和其值，没有明显的函数表达式，这时就无法使用 quad 等函数计算其定积分。在 MATLAB 中，对由表格形式定义的函数关系的求定积分问题用 trapz(X,Y) 函数。其中向量 X、Y 定义函数关系 $Y=f(X)$。

● **例 5.23** 用 trapz 函数计算例 5.22 的积分。

解：在 MATLAB 命令窗口，输入命令：

```
>> X=0:0.01:1; Y=exp(-X.^2);
```

```
>> trapz(X,Y)
    ans=
        0.7468
```

(3) 二重积分数值求解

当对二重定积分 $I=\int_a^b\int_c^d f(x,y)dxdy$ 的数值求解,一般使用 MATLAB 提供的 dblquad 来完成。具体调用格式为:

◆ dblquad(f,a,b,c,d,tol,trace)

该函数求 $f(x,y)$ 在 $[a,b]\times[c,d]$ 区域上的二重积分。参数 tol,trace 的用法与函数 quad 完全相同。

● **例 5.24** 计算二重定积分 $I=\int_{-2}^{2}\int_{-3}^{3}e^{-(x^2+y^2)/2}\sin(x+y^2)dxdy$ 的值。

解: 在 MATLAB 命令窗口,输入命令:

```
>> g=inline('(exp(-(x.^2+y.^2)).*sin(x+y^2))','x','y');
        % 建立一个内嵌函数
>> dblquad(g,-2,2,-3,3)
        % 直接调用二重积分函数求解
    ans=
        0.79010333669838
```

5.4 插值运算

在工程测量和科学实验中,得到的大都是离散数据。如果想得到这些离散数据点之外的其他点数值,就需要根据这些已知数据来插值未知点数值,即插值是在已知数据之间计算估计值的过程。在信号处理和图形分析中,插值运算有广泛的应用,MATLAB 提供了多种插值函数,以满足不同的需求。

插值可以细分为一维插值、二维插值和多维插值。一维插值是在线的方向上对数据点进行插值,二维插值是在面的方向上进行插值,而多维插值则可以理解为在体的方向进行插值。

5.4.1 一维插值

一维插值是最常用的插值运算,也是信号处理和曲线拟合等领域的基本运算。一维插值由函数 interp1 实现,该函数应用多项式技术计算插值点,其一般的调用格式为:

◆ yi=interp(x, y, xi, 'method')

输入参数中的向量 (x,y) 为插值基础数据点,也是进行插值的依据。其中 y 为函数值矢量,x 为自变量的取值范围,x 与 y 的长度相同。xi 为插值点的自变量矢量,method 为插值方法选项。对于一维插值,MATLAB 提供了四种插值方式:

(1) method=nearest:最接近点插值。这种插值方法将插值结果值设置为最近数据点的值。

(2) method=linear:线性插值。这种插值方法在两个数据点之间连接直线,根据给定的插值点计算出它们在直线上的值,作为插值结果。该方法是 interp1 函数的默认

第5章 MATLAB数值计算

方法。

（3）method=spline：3次样条插值。这种插值方法通过数据点拟合出三次样条曲线，根据给定的插值点计算出它们在曲线上的值，作为插值结果。

（4）method=cubic：3次多项式插值。这种是根据已知数据求出一个3次多项式，然后根据该多项式进行插值。

选择一种插值方法时，考虑的因素包括运算时间、占用计算机内存和插值的光滑程度。一般来说，插值的结果越光滑，所需的时间和内存的占用就越多，反之亦然。

● **例 5.25** 有一正弦衰减数据 $y=\sin(x).*\exp(-x/10)$，其中 $x=0:pi/5:4*pi$，用三次样条法进行插值。

解：输入语句

≫ x0=0：pi/5：4*pi;
≫ y0=sin(x0).*exp(-x0/10);
≫ xi=0：pi/20：4*pi;
≫ yi=interp(x0,y0,xi,'spline');
≫ plot(x0,y0,'or',xi,yi,'--b')

所得结果如图5.3所示。

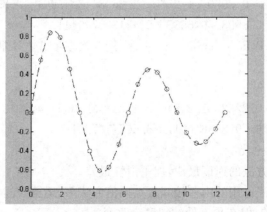

图5.3 三次样条插值法

● **例 5.26** 某测量数据 f 随时间 t 的采样结果如表5.3所示，用一维数值插值计算 $t=2:5:57$ 时的 f 值。

表5.3 检测参数 f 随时间的测量结果

t	0	5	10	15	20	25	30
f	3.102 5	2.256	879.5	1 835.9	2 968.8	4 136.2	5 237.9
t	35	40	45	50	55	60	65
f	6 152.7	6 725.3	6 848.3	6 403.5	6 824.7	7 328.5	7 857.6

解：这是一个一维数值插值问题，命令如下：

≫ T=0：5：65;

```
>> X=2:5:57;
>> F=[3.2015,2.2560,879.5,1835.9,2968.8,4136.2,5237.9,6152.7,...
     6725.3,6848.3,6403.5,6824.7,7328.5,7857.6];
>> F1=interp1(T,F,X)            % 用线性方法插值
   F1=
     1.0e+003 *
     0.0028  0.3532  1.2621  2.2891  3.4358  4.5769  5.6038
     6.3817  6.7745  6.6704  6.5720  7.0262
>> F2=interp1(T,F,X,'nearest')   % 用最近方法插值
   F2=
     1.0e+003 *
     0.0032  0.0023  0.8795  1.8359  2.9688  4.1362  5.2379
     6.1527  6.7253  6.8483  6.4035  6.8247
>> F3=interp1(T,F,X,'spline')    % 用3次样条方法插值
   F3=
     1.0e+003 *
     -0.1702  0.3070  1.2560  2.2698  3.4396  4.5896  5.6370
     6.4229  6.8593  6.6535  6.4817  7.0441
>> F4=interp1(T,F,X,'cubic')     % 用3次多项式方法插值
   F4=
     1.0e+003 *
     0.0025  0.2232  1.2484  2.2736  3.4365  4.5913  5.6362
     6.4362  6.7978  6.6917  6.5077  7.0186
```

不同插值方法的比较：

（1）邻近点插值方法的速度最快，但平滑性最差。

（2）线性插值方法占用的内存较邻近点插值方法多，运算时间也稍长，与邻近点插值不同，其结果是连续的，但在顶点处的斜率会改变。

（3）3次样条插值方法的运算时间最长，但内存的占用较3次多项式插值方法要少，在4种方法中，3次样条插值的平滑性最好，但如果输入数据不一致或数据点过近，可能出现很差的插值结果。

（4）3次多项式插值方法较邻近点插值和线性插值需要更多的内存和运算时间，其插值数据和导数都是连续的。

由于很多情况下3次样条插值方法的插值效果最好，MATLAB还专门提供了三次样条插值函数 spline、ppval 等。

Spline 函数计算的结果与 interp1 函数中使用 spline 方法所得到的结果是相同的。

5.4.2 二维插值

当函数依赖于两个自变量变化时，其采样点就由两个参数组成一个平面区域，插值函数也就是一个二维函数。二维插值也是常用的插值运算方法，主要应用于图形图像处理和三维曲线拟合等领域。二维插值由函数 interp2 实现，其一般的调用格式为：

第5章 MATLAB 数值计算

◆ zi＝interp2(x,y,z,,xi,yi,′method′)

其中 x 和 y 为由自变量组成的数组，x 与 y 的尺寸相同，z 为二维函数数组。xi 和 yi 为插值点的自变量数组，$method$ 为插值方法选项。对于二维插值，MATLAB 也提供了四种方法：

(1) 邻近点插值(method＝nearest)。

(2) 双线性插值(method＝linear)，该方法是 interp2 函数的默认方法。

(3) 3 次样条插值(method＝spline)。

(4) 2 重 3 次多项式插值(method＝cubic)。

例 5.27 设 $z=x^2+y^2$，对 z 函数在 $(0,1)\times(0,2)$ 区域内进行插值。

解：命令如下：

```
≫ x=0：0.1：1；y=0：0.2：2；
≫ [X,Y]=meshgrid(x,y);
≫ Z=X.^2+Y.^2;
≫ interp2(x,y,Z,0.5,0.5)           % 对函数在(0.5,0.5)点进行插值
   ans=
         0.5100
≫ interp2(x,y,Z,[0.5 0.6],0.4)     % 对函数在(0.5,0.4)点和(0.6,0.4)
                                      点进行插值
   ans=
         0.4100    0.5200
≫ interp2(x,y,Z,[0.5 0.6],[0.4 0.5]) % 对函数在(0.5,0.4)点和(0.6,0.5)
                                        点进行插值
   ans=
         0.4100    0.6200
≫ interp2(x,y,Z,[0.5 0.6]',[0.4 0.5]) % 对函数在(0.5,0.4),(0.6,0.4),(0.
                                         5,0.5)和(0.6,0.5)点进行插值
   ans=
         0.4100    0.5200
         0.5100    0.6200
```

例 5.28 二维插值四种方法的比较。

解：在命令窗口输入命令，计算四种二维插值结果，原始数据的图形显示如图 5.4 所示，四种插值结果的图形显示如图 5.5 所示。

```
≫ [x,y,z]=peaks(6);
≫ mesh(x,y,z)
≫ [xi,yi]=meshgrid(−3：0.2：3,−3：0.2：3);
≫ z1=interp2(x,y,z,xi,yi,'nearest');
≫ z2=interp2(x,y,z,xi,yi,'linear');
≫ z3=interp2(x,y,z,xi,yi,'spline');
```

```
>> z4=interp2(x,y,z,xi,yi,'cubic');
>> subplot(2,2,1)
>> mesh(xi,yi,z1)
>> title('nearest 插值的网格图')
>> subplot(2,2,2)
>> mesh(xi,yi,z2)
>> title('linear 插值的网格图')
>> subplot(2,2,3)
>> mesh(xi,yi,z3)
>> title('spline 插值的网格图')
>> subplot(2,2,4)
>> mesh(xi,yi,z4)
>> title('cubic 插值的网格图')
```

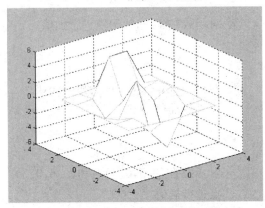

图 5.4　插值的原始数据图

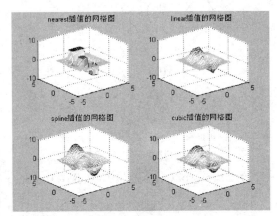

图 5.5　二维插值的 4 中方法比较

多维插值包括三维插值函数 interp3 和 n 维插值函数 interpn，其函数的调用方法及插值方法选项与一维、二维插值基本相同。以三维插值为例，其一般的调用格式为：

◆ vi=interp3(x,y,z,xi,yi,zi,'method')

其中 x,y,z 为由自变量组成的数组，x,y,z 的尺寸相同，v 三维函数数组。xi,yi,zi 为插值点的自变量数组，method 为插值方法选项。

MATLAB 中提供了常用的插值函数，见表 5.4。

表 5.4　常用插值函数

函数名	说明	函数名	说明
interp1	一维插值	interp2	二维插值
interp1q	快速一维线性插值	interp3	三维插值
interpft	一维傅里叶插值	interpn	n 维插值

插值和拟合都是函数逼近或者数值逼近的重要组成部分。它们的共同点都是通过已知一些离散点集 M 上的约束，求取一个定义在连续集合 S（M 包含于 S）的未知连续函

第 5 章　MATLAB 数值计算

数,从而达到获取整体规律的目的,即通过"窥几斑"来达到"知全豹"。

另外,MATLAB 有专门自带的工具,如曲线拟合(Curve Fitting)和 基本统计(Statistics)工具等数值处理的工具,具体使用用户可参阅相关资料。

习题

1. 将 $(x-7)(x-4)(x-2)(x-1)$ 展开为系数多项式的形式,并求在 4、6、8 处的值。

2. 用 roots 命令求多项式 $x^5-2x^4+5x^3-6x^2+7x-20$ 的根。

3. 计算两多项式 $x^5-2x^4+6x^2-x+4$ 和 x^3+4x^2-2x+5 的乘法。

4. 计算多项式除法 $(x^4+2x^3+10x^2+7x+9)/(x+9)$。

5. 对下式进行部分分式展开:
$$\frac{x^4+6x^3+8x^2+2x+8}{x^5+4x^4+2x^3+8x^2+3x+1}$$

6. 解方程组 $\begin{bmatrix} 1 & 10 & 9 \\ 2 & 4 & 3 \\ 4 & 4 & 8 \end{bmatrix} x = \begin{bmatrix} 13 \\ 4 \\ 8 \end{bmatrix}$。

7. 求解如下线性方程组的解。

(1) $\begin{cases} 2x+3y+5z=10 \\ 3x+7y+4z=3 \\ x-7y+z=5 \end{cases}$　　(2) $\begin{cases} 3x+2y=1 \\ x+3y=4 \\ 4x+2y=3 \\ x-y=6 \end{cases}$

8. 已知矩阵 $a = \begin{bmatrix} 4 & 2 & -6 \\ 7 & 5 & 4 \\ 3 & 4 & 9 \end{bmatrix}$,计算 a 的行列式和逆矩阵。

9. 在命令窗口产生 8×8 阶的随机数组 b,计算 b 的最大矢量,中位值矢量、平均值矢量和标准差矢量。

10. 在命令窗口产生两个 4×5 阶的随机数组 a 和 b,计算关于 a 和 b 的协方差和相互关系数矩阵。

11. 求下列数值积分。

(1) $\int_0^\pi \sin^5(x) \sin(5x) dx$

(2) $\int_{-1}^1 \frac{1+x^2}{1+x^4} dx$

(3) $\iint_\Omega |\cos(x+y)| dx dy, \quad \Omega: 0 \leqslant x \leqslant \pi, 0 \leqslant y \leqslant \pi$

12. 假设一曲线数据点为 $x=0:0.2:4*pi; y=\sin(x^2).*\exp(-x/4)$,将 x 的间距改为 0.1,用下列方法进行内插。

(1) 线性内插法;(2) 样条内插法;(3) 3 次样条内插法;(4) 3 次多项式拟合法。

请将这些内插结果及原数据点画在同一图上。

第6章 MATLAB 符号计算

在自然科学的各个领域中，不但需要解决数值分析和计算问题，同时也要解决符号运算的问题。MATLAB 符号数学工具箱与其他的工具箱的区别是它使用字符串来进行符号分析，而不是基于数组的数值分析。

6.1 符号对象的创建和使用

6.1.1 符号表达式的生成

在数值计算的过程中，所参与的变量都是被赋了值的数值变量。而在符号计算的整个过程中，所参与作的是符号变量。在符号计算中所出现的数字也是当做符号来处理。

在符号计算中创建一个新的数据类型称为 sym 类，即符号对象。在符号计算工具箱内，用符号对象表示符号变量和符号矩阵，并构成符号表达式。

符号表达式包括符号函数和符号方程，两者的区别是：符号函数不包含等号，符号方程式是含有等号的符号表达式。但两者的创建方式是相同的，并且和 MATLAB 创建字符串变量的方式相同。

1. 用赋值法创建符号表达式

例 6.1 分别创建符号函数、符号方程和微分方程

解： 在 MATLAB 命令窗口输入语句

```
>> y='3*x^3-6*x^2+7*x+10'     % 将所创建的函数赋给变量 y
y=
    3*x^3-6*x^2+7*x+10
>> f='a*x^2+b*x+c=0'           % 将所创建的方程 $ax^2+bx+c=0$ 赋给变量 f
f=
    a*x^2+b*x+c=0
>> diffeq='Dy-y=x'             % 将所创建的微分方程赋给变量 $diffeq$
diffeq=
    Dy-y=x
```

由这种方法创建的符号表达式对空格都非常敏感，因此，不要在字符问任意乱加"修饰性"空格，否则在其他地方调用此表达式的时候会出错。

由于符号表达式在 MATLAB 中被看成 1×1 的符号矩阵，因此它可用 sym 命令来创建。

第 6 章 MATLAB 符号计算

2. 用符号函数创建符号表达式

MATLAB 的符号数学工具箱提供了两个基本函数,用来创建符号变量和表达式,分别是 sym 和 syms。

(1) sym 函数

sym 函数用来建立单个符号量,其调用格式为:

◆ 符号量名＝sym(符号字符串)

该函数可以建立一个符号字符串,符号字符串可以是常量、变量、函数或表达式。

● **例 6.2** 使用 sym 命令创建符号表达式。

解:输入语句
```
>> a=sym('a')
    a=
        a
>> y=sym('sin(x)')
    y=
        sin(x)
>> c=sym('x^3+5*x^2+12*x+20=0')
    c=
        x^3+5*x^2+12*x+20=0
```

● **例 6.3** 考察符号变量和数值变量的差别。

解:在 MATLAB 命令窗口,输入命令:
```
>> a=sym('a');b=sym('b');c=sym('c');d=sym('d');   % 定义4个符号变量
>> w=10;x=5;y=-8;z=11;                             % 定义4个数值变量
>> A=[a,b;c,d]                                     % 建立符号矩阵 A
>> B=[w,x;y,z]                                     % 建立数值矩阵 B
>> C=det(A)                                        % 计算符号矩阵 A 的
                                                     行列式
>> D=det(B)                                        % 计算数值矩阵 B 的
                                                     行列式
```

执行结果是:
```
A=
    [ a, b]
    [ c, d]
B=
    10    5
    -8   11
C=
    a*d-b*c
D=
    150
```

● **例 6.4** 比较符号常数与数值在代数运算时的差别。

解：在 MATLAB 命令窗口,输入命令:
```
>> pi1=sym('pi');k1=sym('8');k2=sym('2');k3=sym('3');   % 定义符号变量
>> pi2=pi;r1=8;r2=2;r3=3;                                % 定义数值变量
>> y1=sin(pi1/3)                                         % 计算符号表达式值
>> y2=sin(pi2/3)                                         % 计算数值表达式值
>> y3=sqrt(k1)                                           % 计算符号表达式值
>> y4=sqrt(r1)                                           % 计算数值表达式值
>> y5=sqrt(k3+sqrt(k2))                                  % 计算符号表达式值
>> y6=sqrt(r3+sqrt(r2))                                  % 计算数值表达式值
```
执行结果是:

y1=
    1/2*3^(1/2)

y2=
    0.8660

y3=
    2*2^(1/2)

y4=
    2.8284

y5=
    (3+2^(1/2))^(1/2)

y6=
    2.1010

从命令执行的情况可以看出,用符号常量进行计算更像在进行数学演算,所得到的结果是精确的数学表达式,而数值计算将结果近似为一个有限小数。

(2) syms 函数

sym 函数一次只能定义一个符号变量,使用不太方便,而 syms 函数一次可以定义多个符号变量,syms 函数的一般调用格式为:

◆ syms   var1 var2 ··· varn

用这种格式定义符号变量时不要在变量名上加字符分界符('),变量间用空格而不要用逗号分隔。

● **例 6.5** 用两种方法建立符号表达式。

解：在 MATLAB 窗口,输入命令:
```
>> U=sym('3*x^2+5*y+2*x*y+6')       % 定义符号表达式 U
>> syms x y;                         % 建立符号变量 x、y
>> V=3*x^2+5*y+2*x*y+6               % 定义符号表达式 V
>> 2*U-V+6                           % 求符号表达式的值
```
执行结果是:

U=
    3*x^2+5*y+2*x*y+6
V=
    3*x^2+5*y+2*x*y+6
ans=
    3*x^2+5*y+2*x*y+12

用syms方法创建的符号函数同其他方法创建的符号函数效果相同,但此方法不能用来创建符号方程。

使用who命令可以看出,用直接赋值法创建符号变量与用MATLAB的符号数学函数来创建符号变量的差别,两种方式创建的符号变量在机器中的存储方式不同,占用空间不同。

6.1.2 符号矩阵的生成

1. 使用sym函数创建符号矩阵

在MATLAB中创建符号矩阵的方法和创建数值矩阵的形式很相似,只不过要用到符号定义函数sym,下面介绍使用此函数创建符号矩阵的方法。

使用sym函数直接创建符号矩阵。矩阵元素可以是任何不带等号的符号表达式;各符号表达式的长度可以不同;矩阵元素之间可用空格和逗号分隔。

● **例 6.6** 创建一个符号矩阵。

解:输入语句

≫ syms a b c d
≫ n=[a b c d;d c b a;b c d a]
  n=
    [a, b, c, d]
    [d, c, b, a]
    [b, c, d, a]
≫ n=sym('[a b c d;d c b a;b c d a]')   % 使用sym函数直接创建符号矩阵
  n=
    [a, b, c, d]
    [d, c, b, a]
    [b, c, d, a]

2. 用创建子阵的方法创建符号矩阵

● **例 6.7** 用创建子阵的方法创建符号矩阵。

解:输入语句

≫ mats=['[a1,a2,a3]';'[b1,b2,b3]';'[c1,c2,c3]']
  mats=
    [a1,a2,a3]
    [b1,b2,b3]
    [c1,c2,c3]

用创建子阵的方法创建的符号矩阵其每列包含的字符个数必须相等,如果不相等,MATLAB 会显示错误,而且,符号矩阵每一行的两端都有方括号,这是与 MATLAB 字符串矩阵的一个非常重要的区别。

3. 将数值矩阵转化为符号矩阵

MATLAB 中,数值矩阵不能直接参与符号运算,必须先转化为符号矩阵。

● **例 6.8** 将二阶的 Hilbert 矩阵转换为符号矩阵。

解:输入语句

≫ h=hilb(3)

h=

  1.0000 0.5000 0.3333
  0.5000 0.3333 0.2500
  0.3333 0.2500 0.2000

≫ h1=sym(h)   % 将数值矩阵转换为符号矩阵

h1=

  [1, 12, 13]
  [12, 13, 1/4]
  [13, 14, 1/5]

MATLAB 符号矩阵的索引和修改与数值矩阵的索引和修改相同,即用矩阵的坐标括号表达式实现。直接用含有符号变量的符号表达式生成函数,一旦建立了符号函数就可以对其进行符号运算。

在 MATLAB 中,除多项式外,一般数学函数无法用一个简单的向量表示。对于复杂的或者常用的符号函数,可以用 M 文件(扩展名为.m)来表示。

6.1.3 默认符号变量

按照数学上的习惯,在数学表达式中,字母表中比较靠前的字母表示常量,比较靠后的字母如 x、y、z 表示自变量,例如在表达式 $y=ax^2+bx+c$ 中,通常认为 x 是自变量,a、b、c 是常量或参数。MATLAB 的符号数学工具箱也采用了类似的规定。

由于 i 和 j 通常表示虚数单位,在符号运算中不能作为符号变量。

对于函数 $f=x^n$,当对 f 求导数时,自然地是对 x 求导,n 看成参数(常数)。而在 MATLAB 中,如何知道是对 x 求导而不是对 n 求导呢?

当字符表达式中含有多于一个的变量时,只有一个变量是独立变量。如果不告诉 MATLAB 哪一个变量是独立变量,在 Symbolic Math Toolboxs 中,确定一个符号表达式中的符号变量的规则是:

(1) 只对(除 i,j 之外)单个小写英文字母进行检索。

(2) 小写字母 x 是首选符号变量。

(3) 其余小写字母被选为符号变量的次序:在英文字母表中,靠近"x"的优先,在"x"之后的优先。

按照这个规则,对 $f=x^n$,求导数时,自然是对 x 求导,把 n 看成参数(常数)。

工具箱还提供了 findsym 函数来确定表达式中的符号变量。例如,findsym 函数中第一个参数指定符号表达式,第二个参数设定查找与之相关的几个变量。其默认是查找所有的相关变量。findsym 规则也是靠近小写字母 x 后的优先。

● **例 6.9** 查询符号函数 f 中的默认自变量。

解:在命令窗口创建符号变量 $a、b、c、x$,建立符号函数,$f=ax^2+bx+c$,然后求 f 的默认自变量。

```
>> syms a b c x
>> f=sym('a*x^2+b*x+c');
>> findsym(f,1)        % 查找 f 中的第一个自变量
   ans=
       x
>> findsym(f,2)        % 返回 f 表达式中按最接近 x 顺序排列的两个默认自变量
   ans=
       x,c
>> findsym(f)          % 返回表达式中按字母顺序排列的全部自变量
   ans=
       a,b,c,x
```

6.2 基本符号运算

一旦创建了一个符号表达式,符号数学工具箱提供了符号表达式的因式分解、展开、合并、化简、通分等操作。

所有符号函数作用到符号表达式和符号数组,并返回符号表达式或数组。其结果有时可能看起来像一个数字,但事实上它是一个内部用字符串表示的一个符号表达式。

6.2.1 符号表达式的因式分解与展开

MATLAB 提供了符号表达式的因式分解与展开的函数,函数的调用格式为:

◆ factor(s):对 s 分解因式,s 是符号表达式或符号矩阵。
◆ expand(s):对 s 进行展开,s 是符号表达式或符号矩阵。
◆ collect(s):对 s 合并同类项,s 是符号表达式或符号矩阵。
◆ collect(s,v):对 s 按变量 v 合并同类项,s 是符号表达式或符号矩阵。

● **例 6.10** 对表达式 $f=x^{12}-1$ 进行因式分解。

解:在命令窗口创建符号变量 x。

```
>> syms x
>> f=factor(x^12-1)
   f=
       (x-1)*(x+1)*(x^2+x+1)*(x^2-x+1)*(x^2+1)*(x^4-x^2+1)
>> pretty(f)
       (x-1)(x+1)(x^2+x+1)(x^2-x+1)(x^4-x^2+1)
```

函数 pretty 将符号表达式按照类似书写习惯的方式显示。

因式分解符号表达式中的各个元素,如果其中的所有元素为整数,则计算其最佳因式分解。

● **例 6.11** 对大整数 12345678901234560 进行因式分解。

解:在命令窗口输入命令。
```
>> factor(sym('1234567890123456'))
ans=
        (2)^6*(3)*(7)^2*(301319)*(435503)
```

● **例 6.12** 计算表达式 s 的值。

解:在命令窗口创建符号变量 x 和 y。
```
>> syms x y;
>> s=(-7*x^2-8*y^2)*(-x^2+3*y^2);
>> expand(s)                    % 对 s 展开
ans=
7*x^4-13*x^2*y^2-24*y^4
>> collect(s,y)                 % 对 s 按变量 y 合并同类项
ans=
7*x^4-13*x^2*y^2-24*y^4
>> factor(ans)                  % 对 ans 分解因式
ans=
(8*y^2+7*x^2)*(x^2-3*y^2)
```

6.2.2 符号表达式的化简与分式通分

1. 符号表达式的化简

有时 MATLAB 返回的符号表达式难以理解,有许多工具可以使表达式变得更易读懂。MATLAB 的符号数学工具箱提供了两个化简函数,分别为 simple 和 simplify 函数。调用格式分别为:

◆ simplify(s):应用函数规则对 s 进行化简。

◆ simple(s):调用 MATLAB 的其他函数对表达式进行综合化简,并显示化简过程。

simplify 函数是一个普遍使用的表达式化简工具,它可以对包含和式、根式、分数、乘方、指数、对数、三角函数等的表达式进行化简。

simple 函数通过对表达式尝试多种不同的算法进行化简,以寻求符号表达式 s 的最简形式,其还有另一种调用格式为:[r,how]=simple(s),返回 s 的最简化形式,使之包含最少的字符。r 为返回的简化形式,how 为化简过程中使用的方法,simple 函数综合使用了下列化简方法。

(1) simplify 函数对表达式进行化简;

(2) radsimp 函数对含根式的表达式进行化简;

(3) combine 函数将表达式中以求和、乘积、幂运算等形式出现的项进行合并;

(4) collect 合并同类项;

(5) factory 函数实现因式分解;

第6章 MATLAB符号计算

(6) convert 函数完成表达式形式的转换。

simple 函数将 simplify 函数和其他一些化简函数应用于表达式的结果记下,最后 simple 给出最短的结果。

● **例 6.13** 对表达式进行化简。

解:输入语句

≫ simplify(log(2 * x/y))

　ans＝

　log(2)＋log(x/y)

≫ simplify('sin(x)^2＋3 * x＋cos(x)^2－5')

　ans＝

　　　－4＋3 * x

● **例 6.14** 对表达式 $f=\sqrt[3]{\dfrac{1}{x^3}+\dfrac{6}{x^2}+\dfrac{12}{x}+8}$ 进行化简。

解:输入语句

≫ f=sym(' (1/x^3＋6/x^2＋12/x＋8)^(1/3) ')

　f＝

　(1/x^3＋6/x^2＋12/x＋8)^(1/3)

≫ simple(f)

　simplify:

　((2 * x＋1)^3/x^3)^(1/3)

　radsimp:

　(2 * x＋1)/x

　combine(trig):

　((1＋6 * x＋12 * x^2＋8 * x^3)/x^3)^(1/3)

　factor:

　((2 * x＋1)^3/x^3)^(1/3)

　expand:

　(1/x^3＋6/x^2＋12/x＋8)^(1/3)

　combine:

　(1/x^3＋6/x^2＋12/x＋8)^(1/3)

　convert(exp):

　(1/x^3＋6/x^2＋12/x＋8)^(1/3)

　convert(sincos):

　(1/x^3＋6/x^2＋12/x＋8)^(1/3)

　convert(tan):

　(1/x^3＋6/x^2＋12/x＋8)^(1/3)

　collect(x):

　(1/x^3＋6/x^2＋12/x＋8)^(1/3)

　mwcos2sin:

```
(1/x^3+6/x^2+12/x+8)^(1/3)
    ans=
(2*x+1)/x
```

如上所示，simple 使用了几种可简化表达式的简化方式，并可以看到每一个尝试的结果。有时，它多次使用函数 simple 并对第一次的结果作不同的简化操作。simple 对于含有三角函数的表达式尤为有用。

2．分式通分

符号表达式的分式通分函数为 numden，numden 将表达式合并、有理化并返回所得的分子和分母。其调用格式为：

◆ [n,d]=numden(s)

将符号表达式转换为分子和分母都是整系数的最佳多项式。

● 例 6.15 对表达式 $g=\frac{3}{2}x^2+\frac{2}{3}x-\frac{3}{5}$ 进行通分。

解：输入语句

```
>> syms x
>> g=3/2*x^2+2/3*x-3/5;
>> [n,d]=numden(g)
    n=
        45*x^2+20*x-18
    d=
        30
```

这个表达式 g 是符号表达式，numden 返回两个新数组 n 和 d，其中 n 是分子数组，d 是分母数组。如果采用 $s=$numden(f)形式，numden 仅把分子返回到变量 s 中。

6.2.3 符号表达式的嵌套与替换

1．符号表达式的替换

符号表达式的嵌套函数为 homer，其调用格式为：

◆ homer(s)：将符号表达式 s 转换为嵌套形式。

● 例 6.16 对表达式 $f=x^3+8x^2+11x-6$ 进行嵌套。

解：在命令窗口创建符号变量 x 和符号表达式。

```
>> syms x
>> f=x^3+8*x^2+11*x-6;
>> homer(f)
    ans=
        -6+(11+(8+x)*x)*x
```

2．符号表达式的替换

MATLAB 符号数学工具箱提供了两个符号表达式替换函数 subexpr 和 subs，可以通过符号替换使表达式的输出形式简化，以得到一个简单的表达式。

将表达式中重复出现的字符串用变量代替的函数为 subexpr，其调用格式为：

◆ [r,si]=subexpr(s,si)

此函数用变量 si(字符或字符串)的值,代替符号表达式 s 中重复出现的字符串,r 返回替换后的结果。

假设有一个以 x 为变量的符号表达式,并希望将变量转换为 y。MATLAB 提供一个工具称作 subs,以便在符号表达式中进行变量替换。其格式为 subs(f,new,old),其中 f 是符号表达式,new 和 old 可以是字符、字符串或其他符号表达式。new 字符串将代替表达式 f 中各个 old 字符串。

● **例 6.17** 用新变量 s 替换符号表达式 $f=ax^2+bx+c$ 的变量 x。

解:输入语句

```
>> f='a*x^2+b*x+c'        % create a function f(x)
>> subs(f,'s','x')
   ans=
       a*(s)^2+b*(s)+c
```

6.3 符号函数的运算

6.3.1 符号函数的算术运算

符号函数的算术运算与其他函数的运算并无不同,但要注意,其运算结果依然是一个符号表达式。符号函数的加、减、乘、除及求幂次运算分别由函数 symadd、symsub、symmul、symdiv 和 sympow 来实现。

● **例 6.18** 给定两个函数 $f=2x^2+3x-5, g=x^2-x+7$,分别求出 $f+g, f-g, f*g, f/g$。

解:输入语句

```
>> f='2*x^2+3*x-5';          % define the symbolic expression
>> g='x^2-x+7';
>> symadd(f,g)               % find an expression for f+g
   ans
   3*x^2+2*x+2
>> symsub(f,g)               % find an expression for f-g
   ans
   x^2+4*x-12
>> symmul(f,g)               % find an expression for f*g
   ans
   (2*x^2+3*x-5)(x^2-x+7)
>> symdiv(f,g)               % find an expression for f/g
   ans
   (2*x^2+3*x-5)/(x^2-x+7)
>> sympow(f,'3*x')           % find an expression for f^3
```

ans
(2*x^2+3*x-5)^3*x

6.3.2 符号函数的极限

极限是微积分的基础。在 MATLAB 中,极限的求解由 limit 函数实现,其调用格式为:

- limit(f,x,a),计算符号表达式 f 在 $x \to a$ 条件下的极限。
- limit(f,a),计算符号表达式 f 中默认自变量趋向于 a 条件下的极限。
- limit(f),计算符号表达式 f 在默认自变量趋向于 0 时的极限。
- limit(f,x,a,'right') 或 limit(f,x,a,'left') 计算符号表达式 f 在条件下的右极限或左极限。

例 6.19 分别计算表达式 $\lim\limits_{x \to 0} \dfrac{\sin x}{x}$、$\lim\limits_{x \to 0_+} \dfrac{1}{x}$、$\lim\limits_{x \to 0_-} \dfrac{1}{x}$、$\lim\limits_{x \to \infty_-} \left(1+\dfrac{a}{x}\right)^x$ 的极限。

解:在命令窗口创建符号变量 a 和 x。

```
>> syms x a;
>> limit(sin(x)/x)
   ans=
        1
>> limit(1/x,x,0,'right')
   ans=
        Inf
>> limit(1/x,x,0,'left')
   ans=
        -Inf
>> v=(1+a/x)^x;
>> limit(v,x,inf,'left')
   ans=
        exp(a)
```

6.3.3 符号的微积分

在符号表达式的数学运算中,其微积分是一种重要的运算,符号表达式的微分和积分分别由函数 diff 和 int 实现,具体调用格式为:

- diff(s):求符号表达式 s 对于默认自变量的微分。
- diff(s,v):求符号表达式 s 对于自变量 v 的微分。
- diff(s,n):求符号表达式 s 对于默认自变量的 n 次微分。
- int(s):求符号表达式 s 对于默认自变量的不定积分。
- int(s,v):求符号表达式 s 对于自变量 v 的不定积分。
- int(s,a,b):求符号表达式 s 对于默认自变量从 a 到 b 的定积分。

例 6.20 求表达式 $f=x^n$ 的 3 次导数。

解:在命令窗口创建符号变量 x。

```
>> syms x n
>> f=x^n;
>> diff(f,3)
    ans=
        x^n*n^3/x^3-3*x^n*n^2/x^3+2*x^n*n/x^3
```

● 例 6.21 对于函数 $f(x,y)=x\sin y$，求 $\dfrac{\partial f(x,y)}{\partial x \partial y}$。

解：输入语句

```
>> syms x y
>> f='x*sin(y)';
>> dfdxdy=diff(diff(f,x),y)
    dfdxdy=
        cos(y)
```

函数 diff 也可对数组进行运算。如果 F 是符号向量或数组，diff(F) 对数组内的各个元素进行微分。

● 例 6.22 分别计算表达式 $\int \dfrac{x}{(1+z)^2}dz$、$\int \dfrac{x}{(1+z)^2}dx$ 和 $\int_0^1 x\log(1+x)dx$。

解：在命令窗口创建符号变量 x 和 z。

```
>> syms x z
>> f=x/(1+z^2);
>> int(f,z)
    ans=
        x*atan(z)
>> int(f,x)
    ans=
        1/2*x^2/(1+z^2)
>> f=x*log(1+x);
>> int(f,0,1)
    ans=
        1/4
```

● 例 6.23 对于函数 $s(x,y)=xe^{-xy}$，求 $\int (\int xe^{-xy}dx)dy$ 的不定积分。

解：输入语句

```
>> syms x y
>> s=x*exp(-x*y);
>> int(int(s,x),y)
    ans=
        1/y*exp(-x*y)
```

正如函数 diff 一样，积分函数 int 对符号数组的每一个元素进行运算。

积分比微分复杂得多，积分不一定是以封闭形式存在，或许存在但软件也许找不到，

或者软件可明显地求解,但超过内存或时间限制。当 MATLAB 不能找到逆导数时,它将返回未经计算的命令。例如:

>> int('log(x)/exp(x^2)') %attempt to intergrate
Warning: Explicit integral could not be found.
> In sym.int at 58
  In char.int at 9
ans=
    int(log(x)/exp(x^2),x)

6.3.4 Taylor 级数展开

在符号数学工具箱中,表达式的 Taylor 级数展开由函数 taylor 实现,其调用格式为:
- taylor(f):计算符号表达式 f 在默认自变量等于 0 处的 5 阶 Taylor 级数展开式。
- taylor(f,n,v):计算符号表达式 f 在自变量 $v=0$ 处的 $n-1$ 阶 Taylor 级数展开式。
- taylor(f,n,v,a):计算符号表达式 f 在自变量 $v=a$ 处的 $n-1$ 阶 Taylor 级数展开式。

例 6.24 计算表达式 $f=\dfrac{1}{5+\cos x}$ 的 7 阶 Taylor 级数展开式。

解:在命令窗口创建符号变量 x。
```
>> syms x
>> f=1/(5+cos(x));
>> r=taylor(f,7)
r=
    1/6+1/72*x^2-1/17280*x^6
```

6.3.5 复合函数及反函数的运算

复合函数和反函数也是数学运算中的一种重要运算形式。若函数 $z=z(y)$ 的自变量 y 又是 x 的函数 $y=y(x)$,则求 z 对 x 函数的过程称为复合函数运算。在 MATLAB 中,复合函数和反函数分别用 compose 和 finverse 来实现,具体调用方式如下:
- compose(f,g):返回当 $f=f(x)$ 和 $g=g(y)$ 时的复合函数 $f(g(y))$,这里 x 为自定义的函数 f 的符号变量,y 为自定义的函数 g 的符号变量。
- compose(f,g,z):返回自变量为 z 的复合函数。
- g=finverse(f):g 为符号函数 f 的反函数。f 为一符号函数表达式,自变量为 x。则函数 g 为一符号函数使得 $g(f(x))=x$。
- g=finverse(f,v):返回的符号表达式的自变量为 v。

例 6.25 复合函数和反函数的运算。

解:输入语句
```
>> syms x y z
>> f=1/(1+x^2);
>> g=sin(y);
```

```
>> compose(f,g)
ans=
    1/(sin(y)^2+1)
>> compose(f,g,z)
ans=
    1/(sin(z)^2+1)
>> y=x+2;
>> finverse(y)
ans=
    -2+x
```

6.4 符号方程的求解

6.4.1 符号代数方程组的求解

在符号数学工具箱中,求解符号表达式的代数方程由函数 solve 实现。其调用格式为:

- ◆ g=solve(eq):求解符号表达式 eq=0 的代数方程,自变量为默认自变量。
- ◆ g=solve(eq,var):求解符号表达式 eq=0 的代数方程,自变量为 var。
- ◆ g=solve(eq1,eq2,…,var1,var2,…):求解符号表达式 eq1,eq2,… 组成的代数方程组,自变量分别为 var1,var2,…。

例 6.26 求解代数方程组 $\begin{cases} x^2-y^2+z=10 \\ x+y-5z=0 \\ 2x-4y+z=0 \end{cases}$。

解:在命令窗口输入 x、y、z。

```
>> syms x y z
>> f=x^2-y^2+z-10;
>> g=x+y-5*z;
>> h=2*x-4*y+z;
>> [x,y,z]=solve(f,g,h)
x=
    -19/80+19/240*2409^(1/2)
    -19/80-19/240*2409^(1/2)
y=
    -11/80+11/240*2409^(1/2)
    -11/80-11/240*2409^(1/2)
z=
    -340+140*2409^(1/2)
    -340-140*2409^(1/2)
```

6.4.2 符号微分方程求解

符号数学工具箱中,求表达式常微分方程的符号解由函数 dsolve 实现,其调用格式为:

◆ r=solve('eq1,eq2,…',' cond1,cond2,…','v'):求由 eq1,eq2,…指定常微分方程符号解。

参数 cond1,cond2,…为指定常微分方程的边界条件或初始条件,自变量 v 如果不指定,将为默认自变量。

在方程中,用大写字母 D 表示一次微分,D2 和 D3 分别表示二次及三次微分,D 后面的字符为因变量。

● **例 6.27** 求微分方程 $\dfrac{d^2 y}{dt^2}=-ay$ 的通解。

解:在命令窗口输入表达式。

≫ dsolve('D2y=-a*y')

ans=

C1*sin(a^(1/2)*t)+C2*cos(a^(1/2)*t)

6.5 符号函数的绘图

MATLAB 提供了一系列简易的符号函数绘图,这些函数的功能和作用与 MATLA 的普通数值绘图函数基本相同,并且绘图函数的书写形式与数值绘图函数基本对应,但简易符号函数绘图使用极为简单,一般只要在简易绘图函数的参数中指定所绘制的函数名即可。与普通绘图函数相比,简易绘图函数的功能相对也比较简单。

6.5.1 二维绘图函数

二维数值绘图函数 plot 是 MATLAB 最基本和最常用的绘图函数,其对应的简易绘图函数为 ezplot。ezplot 中 ez 即代表英文的"easy",就是"简单容易"的意思。

ezplot 的调用格式为:

◆ ezplot(f):绘制表达式 $f(x)$ 的二维图形,x 轴坐标的近似范围为 $[-2\pi,2\pi]$。

◆ ezplot(f,[xmin,xmax]):绘制表达式 $f(x)$ 的二维图形,x 轴坐标的范围为 [xmin,xmax]。

● **例 6.28** 绘制函数表达式 $y=x^2+2x+1$ 的二维图形。

解:在命令窗口输入命令。

≫ syms x y

≫ clf   % 清除当前图形

≫ ezplot(x^2+2*x+1)

结果如图 6.1 所示,ezplot 绘制了定义域为 $-2\pi\leqslant x\leqslant 2\pi$ 的给定函数,并相应调整了 y 轴的比例。该例中,如果我们感兴趣的是自变量变化范围从 0 到 6,则须重新输入命令,并指定自变量范围,使用 ezplot(y,[0 6])命令就可以。

● **例 6.29** 用符号函数绘图法绘制 $x=\sin(3t)\cos(t),y=\sin(3t)\sin(t)$。

解:输入语句

》syms t

》ezplot(sin(3 * t) * cos(t),sin(3 * t) * sin(t),[0,pi])

图形显示如图 6.2 所示。

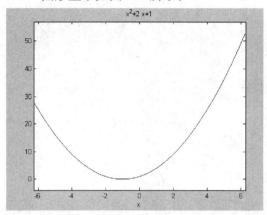

图 6.1 ezplot 命令的默认绘图范围($-2\pi \leqslant x \leqslant 2\pi$)　　图 6.2 ezplot 画出参数式的曲线

● 例 6.30　绘制极坐标下 $\sin(3*t)*\cos(t)$ 的图形。

解:输入语句

》syms t

》ezpolar(sin(3 * t) * cos(t))

显示结果如图 6.3 所示。

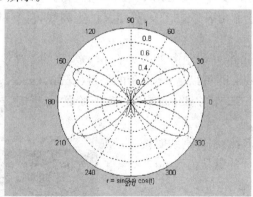

图 6.3　极坐标下 $\sin(3*t)*\cos(t)$ 的图形

6.5.2 三维绘图函数

1. 基本三维绘图函数

基本三维曲线图的简易绘图函数为 ezplot3,其调用格式为:

◆ ezplot3(x,y,z):绘制由表达式 $x=x(t),y=(t),z=z(t)$ 定义的三维曲线,自变量 t 的变化范围为 $[-2\pi,2\pi]$。

◆ ezplot3(x,y,z,[tmin,tmax]):绘制由表达式 $x=x(t),y=(t),z=z(t)$ 定义的三维曲线,自变量 t 的变化范围为 [tmin,tmax]。

◆ ezplot3(…,′animate′)：如果在函数中增加 animate 参数,则绘制三维动态轨迹图。

● 例 6.31 根据表达式 $x=\sin(t),y=\cos(t),z=t$,绘制三维图形。

解：输入语句

>> syms t

>> ezplot3(sin(t),cos(t),t,[0,6*pi])

显示结果如图 6.4 所示。

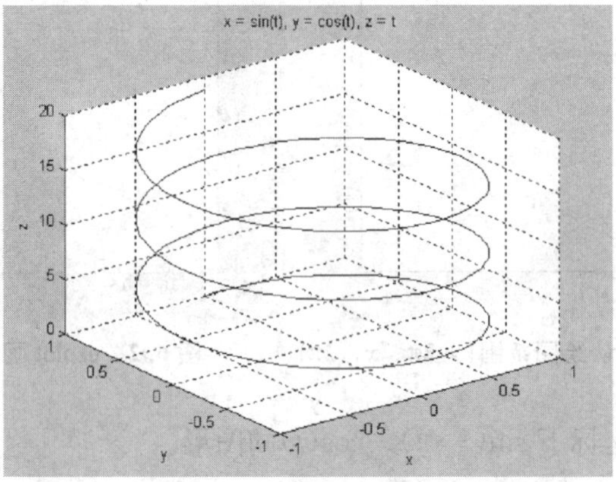

图 6.4 三维曲线绘制图形

2. 等高线绘图函数

等高线的简易绘图函数为 ezcontour,其调用格式为：

◆ ezcontour(f)：绘制由表达式 $f(x,y)$ 定义的等高线,自变量 x 和 y 的变化范围均为 $[-2\pi,2\pi]$。

◆ ezcontour(f,domain)：绘制由表达式 $f(x,y)$ 定义的等高线,自变量 x 和 y 的变化范围由 domain 确定,domain 可以是 4×1 阶的矢量(xmin,xmax,ymin,ymax),也可以是 2×1 阶的矢量[min,max],当 domain 为 2×1 阶的矢量时,min<x<max,min<y<max。

◆ ezcontour(…,n)：绘制等高线时按 $n×n$ 的网格密度绘图,n 的默认值为 60。

● 例 6.32 根据表达式 $f=\frac{1}{3}e^{-x^2-y^2}$,绘制 f 的添充等高线。

解：输入语句

>> syms x y

>> f=1/3*exp(-x^2-y^2);

>> ezcontourf(f,[-3,3],49)

显示结果如图 6.5 所示。

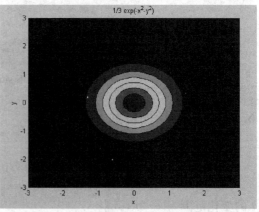

图 6.5 填充等高线绘图

3. 网格图绘图函数

网格图的简易绘图函数为 ezmesh,其

第6章　MATLAB符号计算

调用格式为：
- ezmesh(f)：绘制由表达式 $f(x,y)$ 定义的网格图，自变量 x 和 y 的变化范围均为 $[-2\pi,2\pi]$。
- ezmesh(f,domain)：绘制由表达式 $f(x,y)$ 定义的网格图，自变量 x 和 y 的变化范围由 domain 确定，domain 可以是 4×1 阶的矢量[xmin,xmax,ymin,ymax]，也可以是 2×1 阶的矢量[min,max]，当 domain 为 2×1 阶的矢量时，min<x<max, min<y<max。
- ezmesh(x,y,z)：绘制由表达式 $x=x(s,t)$, $y=y(s,t)$ 和 $z=z(s,t)$ 定义的参数表面网格图，自变量 s 和 t 的变化范围均为 $[-2\pi,2\pi]$。
- ezmesh(x,y,z,[smin,smax,tmin,tmax])：绘制由表达式 $x=x(s,t)$, $y=y(s,t)$ 和 $z=z(s,t)$ 定义的参数表面网格图，自变量 S 和 t 的变化范围均为[smin,smax,tmin,tmax]。
- 带等高线网格图的简易绘图函数为 ezmeshc，其调用格式同 ezmesh。

例 6.33 根据表达式 $f=\dfrac{y}{1+x^2+y^2}$，绘制 f 的带等高线网格图。

解：输入语句
```
>> syms x y
>> ezmeshc(y/(1+x^2+y^2),[-5,5,-2*pi,2*pi])
```
显示结果如图 6.6 所示。

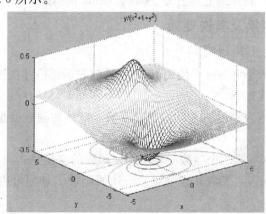

图 6.6　带等高线网格图

4. 表面图绘图函数

表面图的简易绘图函数为 ezsurf，其调用格式为：
- ezsurf(f)：绘制由表达式 $f(x,y)$ 定义的表面图，自变量 x 和 y 的变化范围均为 $[-2\pi,2\pi]$。
- ezsurf(f,domain)：绘制由表达式 $f(x,y)$ 定义的表面图，自变量 x 和 y 的变化范围由 domain 确定，domain 可以是 4×1 阶的矢量[xmin,xmax,ymin,ymax]，也可以是 2×1 阶的矢量[min,max]，当 domain 为 2×1 阶的矢量时，min<x<max,min<y<max。
- ezsurf(x,y,z)：绘制由表达式 $x=x(s,t)$, $y=y(s,t)$ 和 $z=z(s,t)$ 定义的参数表面网格图，自变量 s 和 t 的变化范围均为 $[-2\pi,2\pi]$。
- ezsurf(x,y,z,[smin,smax,tmin,tmax])：绘制由表达式 $x=x(s,t)$, $y=y(s,t)$ 和

$z=z(s,t)$ 定义的参数表面图，自变量 s 和 t 的变化范围为 $[smin, smax, tmin, tmax]$。
- ezsurf(…,n)：绘制表面图时按 $n \times n$ 的网格密度绘图，n 的默认值为 60。
- 带等高线网格表面图的简易绘图函数为 ezsurfc，其调用格式同 ezsurf。

● **例 6.34** 根据表达式 $f = \dfrac{y}{1+x^2+y^2}$，绘制 f 的带等高线网格表面图。

解：输入语句

>> syms x y

>> ezsurfc (y/(1+x^2+y^2),[-5,5,-2*pi,2*pi],35)

>> view(-65,26)

显示结果如图 6.7 所示。

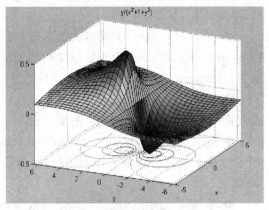

图 6.7　带等高线网格表面图

6.6　积分变换

Symbolic Math Toolbox 提供了傅里叶变换、拉普拉斯变换和 Z 变换以及它们逆变换操作的一些函数。下面介绍上述三种变换的 Symbolic Math Toolbox 实现。

6.6.1　几种常用变换及其逆变换

1. 傅里叶变换及其逆变换

在 Symbolic Math Toolbox 中使用 fourier 函数表示傅里叶变换，用 ifourieri 函数表示傅里叶逆变换。格式如下：
- F=fourier (f)：表示返回 f 的傅里叶变换。默认的独立变量是 x，默认返回 ω 的函数。
- F=fourier(f,v)：第二个参数 v 表示返回函数的变量是 v 而不是 ω。
- F=fourier(f,u,v)：参数 u 表示对关于 u 的函数 f 傅里叶变换，返回关于 v 的函数 F。

傅里叶逆变换格式如下：
- f=ifourier(F)：对 F 作傅里叶逆变换，默认独立变量为 ω，返回关于 x 的函数。
- f=ifourier(F,u)：对 F 作傅里叶逆变换，返回关于 x 的函数 f。
- f=ifourier(F,v,u)：对关于 v 的函数 F 作傅里叶逆变换，返回关于 u 的函数 f。

● **例 6.35** 原函数为 $f(x)=\exp(-x^2)$，求 Fourier 变换。

解：输入语句

>> syms x f w;

>> f=exp(-x^2);

>> Fw=fourier(f);

>> y=[-3：0.05：3];

>> fy=subs(f,x,y);

第6章 MATLAB符号计算

```
>> subplot(2,1,1); plot(y,fy);
>> W=[-5:0.1:5];
>> FW=subs(Fw,w,W);
>> subplot(2,1,2); plot(W, FW)
```
显示结果如图6.8所示。

2. 拉普拉斯变换及其逆变换

Symbolic Math Toolbox 中用函数 laplace 求拉普拉斯变换。用 ilaplace 函数求拉普拉斯逆变换,格式与 fourier 变换和 ifourier 函数一致。

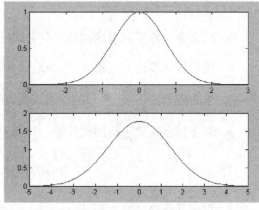

图6.8 傅里叶变换

3. Z 变换和逆 Z 变换

Z 变换是对离散函数 $f(n)$ 进行的, Symbolic Math Toolbox 中用 ztrans 函数求 Z 变换,用 iztrans 函数求逆 Z 变换,格式与 fourier 和 ifourier 函数一致。

6.6.2 数值与符号的转换

有时符号运算的目的是为了得到精确的数值解,这样就需要对得到的解析解进行数值转换。在 MATLAB 中这种转换主要由两个函数实现,即 digits 和 vpa。而这两个函数在实际应用中经常与变量替换函数 subs 配合使用。具体调用格式分别为:

◆ digits(D):函数返回符号表达式在 digits 函数设置下的精度的数值解。
◆ R=vpa(S,D):函数返回有效数字个数为 D 的近似解精度。

● 例 6.36 数值与符号的转换。

解:输入语句
```
>> digits(8)
>> vpa('2^(1/3)')
    ans=
        1.2599210
>> vpa('2^(1/3)',12)
    ans=
        1.25992104989
```
将函数 vpa 作用于符号矩阵,对它的每一个元素进行计算也同样达到所指定的位数。

1. 创建符号矩阵有几种方法?
2. 下面三种表示方法有什么不同的含义?
    (1) f=3*x^2+5*x+2
    (2) f='3*x^2+5*x+2'
    (3) x=sym('x')

f=3*x^2+5*x+2

3. 用命令计算下列表达式的部分分式展开式：$\dfrac{3s^2+5s+2}{(s+1)^3(x^2+1)}$

4. 用符号计算化简三角等式：$\sin(\varphi_1)\cos(\varphi_2)-\cos(\varphi_1)\sin(\varphi_2)$

5. 求矩阵 $A=\begin{bmatrix} a_{11} & a_{12} \\ a_{21} & a_{22} \end{bmatrix}$ 的行列式值、逆和特征根。

6. 对下列表达式进行因式分解：$x^4-5x^3+5x^2+5x-6$

7. $f=\begin{bmatrix} a & x^2 & \dfrac{1}{x} \\ e^{ax} & \log(x) & \sin(x) \end{bmatrix}$，用符号微分求：$df/dx$。

8. 求解并化简三次方程 $x^3+ax+1=0$ 的符号解。

9. 用 ezplot 命令画出参数式的曲线 $x=\sin(3*t)*\cos(t), y=\sin(3*t)*\sin(t)$。

第7章　MATLAB在物理学中的应用

MATLAB可广泛地应用在物理、化学等不同的理工科课程、工程实践等的仿真与实验计算中，通过介绍在物理学、电路分析等不同课程中MATLAB编程方法和技巧，使读者逐步熟悉MATLAB语言的基本使用，体会MATLAB编程的特点。本章主要介绍MATLAB在力学、热学、电磁学、光学等不同物理学中的应用。

7.1　力学基础

例 7.1 设目标相对于射点的高度为给定初速，试计算物体在真空中飞行的时间和距离。

解:(1) 建模：

无阻力抛射体的飞行是中学物理就解决的问题，本题的不同点是目标和和射点不在同一高度上，用MATLAB可使整个计算和绘图过程自动化。其好处是可快速地计算物体在不同初速度和射角的飞行时间和距离。关键在求落点时间时，需要解一个二次线性代数方程。由

$$y = v_0 \cdot \sin\theta_0 \cdot t - \frac{1}{2}gt^2 = y_h$$

解出 t，它就是落点时间 t_h。t_h 会有两个解，我们只取其中一个有效解。再求

$$x_{\max} = v_0 \cos\theta_0 \cdot t_h$$

(2) MATLAB程序：

```
clear; y0=0; x0=0;                    % 初始位置
v0=input('输入初始速度（m/s）：');     % 输入初始速度
v_angle=input('输入初速方向(度)：');
yh=input('输入目标高度(米)：');         % 输入目标高度
vx0=v0*cos(v_angle*(pi/180));
vy0=v0*sin(v_angle*(pi/180));         % 计算 x,y 方向的初始速度
wy=-9.81; wx=0;                       % 重力加速度（m/s^2）
th=roots([wy/2,vy0,y0-yh]);           % 解方程 wy*t^2/2+vy0*t+y0=yh,计算落点 th
th=max(th);                           % 去除落点时间 th 中的不合理解
t=[0:0.1:th,th];                      % 设定时间数组，因 th 不大可能被 0.1整除，必须加一个 th 点
y=y0+vy0*t+wy*t.^2/2;
```

```
x=x0+vx0*t+wx*t.^2/2;              % 计算轨迹
xh=max(x),plot(x,y),grid           % 计算射程,画出轨迹
```

(3) 程序运行结果：

运行结果见表 7.1 和图 7.1 所示,在图 7.1 中通过图形窗编辑来设置了坐标网格、标注和文本添加等内容。

表 7.1 无阻力抛体运动运行数据

输入初始速度（m/s）	50	50	50	50
输入初速方向	30°	40°	45°	50°
输入目标高度(m)	8	8	8	8
飞行距离 xh(m)	205.8432	241.0437	246.5737	244.0677

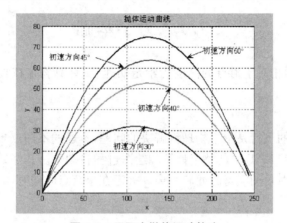

图 7.1 无阻力抛体运动轨迹

例 7.2 给定质点沿 x 和 y 两个方向的运动规律 $x(t)$ 和 $y(t)$,求其运动轨迹,并计算其对原点的角动量。

解:(1) 建模:

本例要求用户输入运动规律的解析表示式,这需要用到字符串的输入语句,应当在 input 语句中加上第二变元 s,而运行这个字符串要用 eval 命令。当 $x(t)$ 和 $y(t)$ 都是周期运动时,所得的曲线就是李萨如图形。角动量等于动量与向径的叉乘(cross product)。求速度需要用导数,可用 MATLAB 的 diff 函数作近似导数计算。设角动量为 **L**,质点的动量为 **P**=m**v**,向径为 **r**,则

$$L = r \times P = r \times mv$$

在 XY 平面上有

$$L = x \cdot mv_y - y \cdot mv_x$$

用户可输入其他形式的 $x(t)$ 和 $y(t)$,探讨其结果。注意输入式一定要满足对 t 作元素群运算的格式。

(2) MATLAB 程序：

```
clear all;
fprintf('输入 x(t) 的方程\n');
x=input(':',',s');                           % 读入字符串
fprintf('输入 y(t) 的方程\n');
y=input(':',',s');
fprintf('输入延续时间; \n');
tf=input(' tf=');
Ns=100;t=linspace(0,tf,Ns);dt=tf/(Ns-1);     % 分 Ns 个点,求出时间增量 dt
xPlot=eval(x);yPlot=eval(y);
% 计算各点 x(t),y(t)的近似导数和角动量,注意导数序列长度比原函数少一。
p_x=diff(xPlot)/dt;                          % p_x=M dx/dt
p_y=diff(yPlot)/dt;                          % p_y=M dy/dt
LPlot=xPlot(1:Ns-1).*p_y-yPlot(1:Ns-1).*p_x;
% LPlot=cross([p_x,p_y],[xPlot1:Ns-1),yPlot1:Ns-1)]); % 用叉乘函数 cross 时的语句
% 画出轨迹及角动量随时间变化的曲线
clf;figure(gcf);                             % 清图形窗并把它前移
subplot(1,2,1),  plot(xPlot,yPlot);
xlabel('x');ylabel('y');
axis('equal');grid                           % 使两轴比例相同
subplot(1,2,2),  plot(t(1:Ns-1),LPlot);
xlabel('t');ylabel('角动量');grid
pause,axis('normal');                        % 恢复轴系自动标定
```

(3) 程序运行结果：

运行程序,输入 x(t)=3*t.*cos(t), y(t)=2*t.*sin(t),tf=6 后,得到图 7.2 所示曲线。当输入 x(t)=cos(2*t),y(t)=sin(3*t),tf=10 后,得到图 7.3 所示曲线

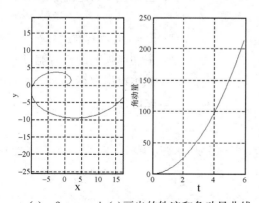

图 7.2 按方程 $x(t)=3*t.*\cos(t)$
$y(t)=2*t.*\sin(t)$ 画出的轨迹和角动量曲线

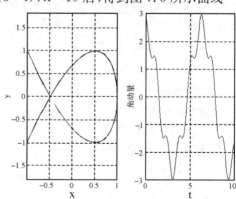

图 7.3 按方程 $x(t)=\cos(2*t)$
$y(t)=\sin(3*t)$ 画出的轨迹和角动量曲线

● **例 7.3** 质量为 m 的小球以速度 u_0 正面撞击质量为 M 的静止小球，假设碰撞是完全弹性的，即没有能量损失，求碰撞后两球的速度及它们与两球质量比 $K=M/m$ 的关系。

解：(1) 建模：

设碰撞后两球速度都与 u_0 同向，球 m 的速度为 u，球 M 的速度为 v，列出动量守恒和能量守恒方程，引入质量比 $K=M/m$ 和无量纲速度 $u_r=u/u_0$，$v_r=v/u_0$ 后，由于

动量守恒 $\qquad\qquad\qquad mu_0 = mu + Mv$

动能守恒 $\qquad\qquad\qquad \dfrac{1}{2}mu_0^2 = \dfrac{1}{2}mu^2 + \dfrac{1}{2}Mv^2$

化为 $\qquad\qquad\qquad Kv_r + u_r = 1$

$\qquad\qquad\qquad\qquad Kv_r^2 + u_r^2 = 1$

有 $\qquad\qquad\qquad v_r = \dfrac{1-u_r}{K}$

则有 $\qquad\qquad\qquad (1-u_r)^2 + Ku_r^2 = K$

主动球的能量损失为

$$E_m = \dfrac{1}{2}m(u_0^2 - u^2) = \dfrac{m}{2}u_0^2(1 - u_r^2)$$

对上式展开并整理，得

$$\left(1+\dfrac{1}{K}\right)u_r^2 - \dfrac{2}{K}u_r + \left(\dfrac{1}{K}-1\right) = 0$$

可用 roots 命令求根 u_r。

(2) MATLAB 程序：

```
clear
K=logspace(-1,1,11);                    % 把 K 设成自变量数组，从 K=0.1 到 K=
                                          10 按等比取 11 个点
for i=1:length(K)                       % 对各个 K 循环计算
ur1=roots([(1+1/K(i)),-2/K(i),(1/K(i)-1)]);   % 二次方程有两个解
ur(i)=ur1(abs(ur1-1)>0.001);            % 去掉在 1 邻近的庸解
end
vr=(1-ur)./K;                           % 求 vr，用元素群运算
em=1-ur.*ur;                            % 主动球损失的相对能量
[K,ur,vr,em]                            % 显示输出数据
semilogx(K',[ur,vr,em]),grid            % 绘图
```

(3) 程序运行结果：

数字显示结果如下

K	u_r	v_r	e_m
0.1000	0.8182	1.8182	0.3306
0.1585	0.7264	1.7264	0.4724
0.3981	0.4305	1.4305	0.8147
0.6310	0.2263	1.2263	0.9488
1.0000	0	1.0000	1.0000
1.5849	−0.2263	0.7737	0.9488
2.5119	−0.4305	0.5695	0.8147
6.3096	−0.7264	0.2736	0.4724
10.0000	−0.8182	0.1818	0.3306

绘出的曲线如图 7.4 所示。

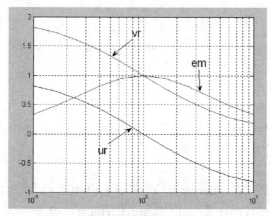

图 7.4　弹性碰撞后球速与 K 的关系

可以看出，当 $K>1$ 时，u_r 为负，即当静止球质量大于主动球质量时，主动球将回弹。当 $K=1$ 时，$u_r=0$，即主动球将全部动能传给静止球。当 $K<1$ 时，u_r 为正，说明主动球将继续沿原来方向运动。

在宏观世界中很难找到完全弹性碰撞，而在微观世界中，上述结果可以用来解释康普顿效应，即光子撞击电子后，其散射光的波长会变长，而且波长的增加量与散射角有关。因为光子的动能为 hv，其中 $h=6.63e-34$ 为普朗克常数，而 v 是光子的角频率，如上所述，在弹性碰撞后，光子损失了一些能量，必然表现为 v 减小，即波长增加。本例只考虑了正面碰撞，分析了不同质量比的影响。要解释康普顿效应，必须考虑光子的散射是由侧面碰撞产生的，这时可以把质量比取定（光子的静止质量为零，应考虑它的动质量 hv/c^2，c 为光速），可以分析出其损失的能量（因而其波长）与散射方向相关，用户可自行扩展此程序进行研究。

7.2 分子物理学和热学

例 7.4 利用气体分子运动的麦克斯韦速度分布律,求 27℃下氮分子运动的速度分布曲线,并求速度在 300~500 m/s 范围内的分子所占的比例,讨论温度 T 及分子量 μ 对速度分布曲线的影响。

解:(1) 建模:

由物理学知道,麦克斯韦速度分布律为

$$f = 4\pi \left(\frac{m}{2\pi kT}\right)^{3/2} \cdot v^2 \cdot exp\left(\frac{-mv^2}{2kT}\right)$$

本例将说明如何根据复杂数学公式绘制曲线,并研究单个参数的影响。先把麦克斯韦速度分布律列成一个子程序,以便经常调用,并把一些常用的常数也放在其中,这样主程序就简单了。

(2) MATLAB 程序:

```
clear
T=300;mu=28e-3;                                    % 给出 T,mu
v=eps:1500;                                        % 给出自变量数组
y=mxwl(T,mu,v);                                    % 调用函数文件
plot(v,y),hold on                                  % 画出分布曲线
v1=400:700;                                        % 给定速度范围
y1=maxwell(T,mu,v1);                               % 该范围的分布
fill([v1,700,400],[y1,0,0],'b')
trapz(y1)                                          % 求该范围概率积分
T=200;mu=28e-3;y=maxwell(T,mu,v);plot(v,y)         % 改变 T,画曲线
T=300;mu=2e-3;y=maxwell(T,mu,v);plot(v,y)          % 改变 mu,画曲线
gtext('T=200,\mu=28*10^{-3}'),                     % 这种标注语句可生成希腊
                                                     字母及上标(指数)
gtext('T=300,\mu=28*10^{-3}'),
gtext('T=300,\mu=2*10^{-3}'),
hold off
```

函数文件如下:

```
% 麦克斯韦分子速度分布函数
function f=maxwell(T,mu,v)
% mu——分子量,千克.摩尔^-1
% v——分子速度
% T——气体的绝对温度
R=8.31;                                            % 气体常数
k=1.381*10^(-23);                                  % 玻尔兹曼常数
NA=6.022*10^23;                                    % 阿伏伽德罗数
```

m=mu/NA;   %分子质量
f=4*pi*(m/(2*pi*k*T))^(3/2).*exp(-m*v.^2./(2*k*T)).*v.*v;
                                            %麦克斯韦分布率

(3) 程序运行结果：

执行程序后得到如图 7.5 所示的曲线，而所填区域 400～700 速率分布的概率积分结果为：

ans=

    0.4772

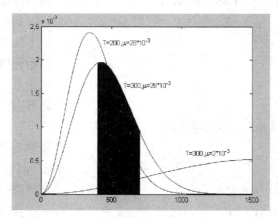

图 7.5 麦克斯韦速率分布曲线

从图 7.5 中可见，减小 T，使分子的速度分布向低端移动；减小分子量 mu，使速度分布向高端移动，这与物理概念是一致的。

● **例 7.5** 编写热力学过程（包括等压，等容和等温三种）$P-V$ 图的程序，并计算各过程中所做的功。

解：(1) 建模：

按照理想气体方程

$$PV = nRT$$

其中 n 是研究对象（气体）的摩尔数，即表示气体的数量，因为 1 mol 的气体在标准状态 $[T=273\ \text{K}, P=1.013\times10^5\ \text{Pa}]$ 的容积式 0.0224，$R=8.31$ 是气体常数。因此上式中有 P、V、T 等三个变量，必须再加一个约束条件，才能使气体的热力过程有确定的规律，通常用 $P-V$ 图上的轨迹来表示这种规律。该轨迹下的面积 $Q=\int p\mathrm{d}V$ 为所做的功。

本题中三个约束条件是：

◆ 等压路径，$P=$ 常数，在 $P-V$ 图上是一根水平线，它所做的功为 $P(V_2-V_1)$。

◆ 等容路径，$V=$ 常数，在 $P-V$ 图上是一根垂直线，因此所做的功为零。

◆ 等温路径，$T=$ 常数，在 $P-V$ 图上是一根双曲线，$(P\cdot V=$ 常数$)$它所做的功为

$$W = Q = n\cdot RT\cdot \ln\left(\frac{V_2}{V_1}\right)$$

(2) MATLAB 程序：

```
clear all;                                      % 变量初始化
figure,text(0.1,0.5,'请将图缩小,移至右上角'),pause,clf
nMoles=input('输入气体的摩尔数：');
P(1)=input('输入初始压力(Pa)：');
V(1)=input('输入初始容积(m^3)：');
R=8.314;                                        % 气体常数 (J/摩尔)
T(1)=P(1)*V(1)/(nMoles*R);                      % 初始温度
PPlot=P(1);                                     % 记下初始压力以便绘图
VPlot=V(1);                                     % 记下初始容积以便绘图
WTotal=0;                                       % 初始化做功值 (J)
iPoint=1;                                       % 初始点
NCurve=100;                                     % 画等温曲线用的点数
% 在菜单上选择 quit 之前不断循环
QuitType=4;                                     % 菜单上第四个选项是 Quit
PathType=0;                                     % 循环时输入初始 PathType 值
while (PathType~=QuitType)                      % 选择路径类型或退出
    iPoint=iPoint+1;                            % 下一点
    fprintf('对过程 #%g \n',iPoint-1);
    PathType=menu(sprintf('过程 %g：选择下一路径',iPoint-1),...
        '等压','等容','等温','退出');            % 图形界面菜单生成语句
switch PathType
case 1                                          % 等压路径
V(iPoint)=input('输入新容积：');
P(iPoint)=P(iPoint-1);                          % 压力不变
T(iPoint)=P(iPoint)*V(iPoint)/(nMoles*R);       % 新温度
W=P(iPoint)*(V(iPoint)-V(iPoint-1));            % 计算等压过程所做的功
VPlot=[VPlot V(iPoint)];
PPlot=[PPlot P(iPoint)];
case 2                                          % 等容路径
P(iPoint)=input('输入新压力：');
V(iPoint)=V(iPoint-1);
T(iPoint)=P(iPoint)*V(iPoint)/(nMoles*R);
W=0;                                            % 等容路径上所做的功为零
VPlot=[VPlot V(iPoint)];                        % 加上绘图的新容积和压力点
PPlot=[PPlot P(iPoint)];
case 3                                          % 等温路径
V(iPoint)=input('输入新容积：');
T(iPoint)=T(iPoint-1);                          % 温度不变
```

```
P(iPoint)=nMoles*R*T(iPoint)/V(iPoint);    % 按新容积求新压力
W=nMoles*R*T(iPoint)*log(V(iPoint)/V(iPoint-1));  % 求等温路径所做
                                                     的功
% 用元素群运算求等温路径上的 P 和 V,加进绘图数据中
VNew=linspace(V(iPoint-1),V(iPoint),NCurve);
PNew=nMoles*R*T(iPoint)./VNew;
VPlot=[VPlot VNew];                        % 将新的 V,P 点加入绘图数
                                             据中
PPlot=[PPlot PNew];
otherwise
end
% 画出到目前为止的 P-V 图
if( PathType ~=QuitType )
WTotal=WTotal+W;                           % 将新做的功加进总功
figure(gcf);plot(V,P,'*',VPlot,PPlot,'-')
axis([0 1.2*max(V) 0 1.2*max(P)]);         % 设定图面边界
xlabel('V(m^3)');  ylabel('P(Pa)');
for i=1:iPoint
text(V(i),P(i),sprintf(' %g',i));          % 标出每一点
end
title(sprintf('新做功=%g J, 总功=%g J',W,WTotal));
drawnow;                                   % 立即画图
end
end
WTotal
```

(3) 程序运行结果:

程序运行时,屏幕上先出现一个小的空白图形窗,然后在命令窗口中任意输入初始值:

输入气体的摩尔数:0.6

输入初始压力(Pa):1e6

输入初始容积(m^3):0.01

这时,屏幕上会出现图 7.6 所示控制界面。当在图 7.6 中分别点击不同的路径,然后按提示在命令窗口中输入对应的数值如下

对过程 #1(等温),输入新容积:0.04;

对过程 #2(等容),输入新压力:6.1e4;

对过程 #3(等温),输入新容积:0.01;

对过程 #4(等容),输入新压力:1e6;

对过程 #5(退出),退出控制界面。

得出图 7.7 所示热力循环曲线。

WTotal=1.0480e+004

图7.6 图形控制界面

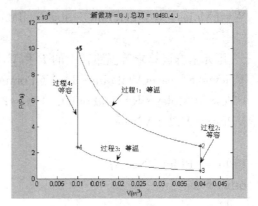

图7.7 热力循环曲线及其做的功

7.3 电磁学

例 7.6 设电荷均匀分布在从 $z=-L$ 到 $z=L$，通过原点的线段上，其密度为 q（单位为 c/m），试求出在 X-Y 平面上的电位分布。

解：(1) 建模：

点电荷产生的电位可表示为 $V=Q/4\pi r\varepsilon_0$，它是一个标量。其中 r 为电荷到测量点的距离。线电荷所产生的电位可用积分或叠加的方法来求。为此把线电荷分为 N 段，每段长为 dL（在 MATLAB 中，由于程序只认英文字母，dL 应理解为 ΔL）。每段上电荷为 qdL，看做集中在中点的点电荷，它产生的电位为

$$dV = \frac{qdL}{4\pi r\varepsilon_0}$$

然后对全部电荷求和即可。

把 X-Y 平面分成网格，因为 X-Y 平面上的电位仅取决于离原点的垂直距离 R，所以可以省略一维，只取 R 为自变量。把 R 从 0～10 m 分成 $Nr+1$ 个点，对每一点计算其电位。

(2) MATLAB 程序：

```
clear all;
q=input('线电荷密度(库仑/m)= ');
L=input('线电荷半长度（m）=');
N=input('线电荷分段数 N=');
Nr=input('离原点距离分段数 Nr=');
E0=8.85e-12;                    % 真空电解质常数 ε0
C0=1/(4*pi*E0);                 % 归并常数
L0=linspace(-L,L,N+1);          % 将线电荷分 N 段
L1=L0(1:N); L2=L0(2:N+1);       % 确定每个线段的起点和终点
Lm=(L1+L2)/2;dL=2*L/N;          % 确定每个线段的中点坐标和长度，Lm
```

是数组
```
R=linspace(0,10,Nr+1);           % 将 R 分 N+1 点
for k=1:Nr+1                      % 对 R 的 N+1 点循环计算
    Rk=sqrt(Lm.^2+R(k)^2);        % 测量点到电荷段的向径
    Vk=C0*dL*q./(R*k);            % 第 k 个电荷段在测量点处产生的电位
    V(k)=sum(Vk);                 % 对各电荷段在测量点处产生的电位求和
end
[max(V),min(V)]                   % 显示最大最小电位
plot(R,V)                         % 绘图
```

(3) 程序运行结果：

运行程序，当分别输入以下数据：

◆ 线电荷密度(库仑/m)=1，线电荷半长度(m)=5，线电荷分段数 $N=50$，离原点距离分段数 $Nr=50$；

◆ 线电荷密度(库仑/m)=1，线电荷半长度(m)=50，线电荷分段数 $N=500$，离原点距离分段数 $Nr=50$；

所得电场的最大值和最小值分别是：

◆ 1.0e+010 * [9.3199, 0.8654]

◆ 1.0e+011 * [1.3461, 0.4159]

沿 R 的电位分布如图 7.8 所示。

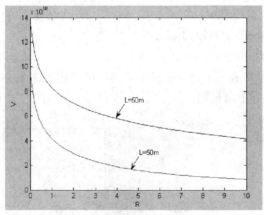

图 7.8 线电荷产生的静电位分布

例 7.7 由电位的表示式计算电场，并画出等电位线和电场方向。

解：(1) 建模：

如果已知空间的电位分布

$$V = V(x, y, z)$$

则空间的电场等于电位场的负梯度

$$\boldsymbol{E} = -gradient(v) = \left(\frac{dv}{dx}\boldsymbol{i} + \frac{dv}{dy}\boldsymbol{j} + \frac{dv}{dv}\boldsymbol{k}\right)$$

其中，分别为 $\boldsymbol{i}$、$\boldsymbol{j}$、$\boldsymbol{k}$ 分别为 x、y、z 三个方向的单位向量。

MATLAB 中设有 gradient 函数,它是靠数值微分的,因此空间观测点应取得密一些,以获得较高的精度。

(2) MATLAB 程序:

```
fprintf('输入电位分布方程 V(x,y) \n');
V=input(':',''s');                          % 读入字符串 V(x,y)
NGrid=20;                                   % 绘图的网格线数
xMax=5;                                     % 绘图区从 x=-xMax
                                            %   到 x=xMax
yMax=5;
xPlot=linspace(-xMax,xMax,NGrid);           % 绘图取的 x 值
[x,y]=meshgrid(xPlot);
VPlot=eval(V);
[ExPlot,EyPlot]=gradient(-VPlot);           % 电场是电位的负梯度
clf; subplot(1,2,1),meshc(VPlot);           % 画含等高线的三维曲面
xlabel('x');  ylabel('y'); zlabel('电位');  % 规定等高线图的范围及比例
subplot(1,2,2), axis([-xMax xMax -yMax yMax]);  % 建立第二子图
cs=contour(x,y,VPlot);                      % 画等高线
clabel(cs); hold on;                        % 在等高线图上加上编号
% 在等高线图上加上电场方向
quiver(x,y,ExPlot,EyPlot);                  % 画电场 E 的箭头图
xlabel('x');  ylabel('y');hold off;
```

(3) 程序运行结果:

输入电位方程 $V=|\sin(x+y)|\ln(x^2+y^2)$ 时,可得出如图 7.9(a)所示电位分布曲面和 7.9(b)所示的电场分布向量图。

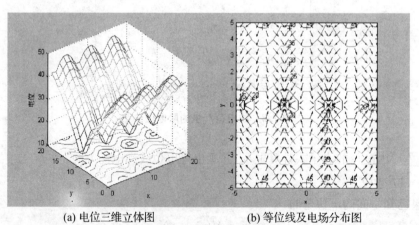

(a) 电位三维立体图　　　　(b) 等位线及电场分布图

图 7.9　电场分布图

例 7.8　用毕奥—萨伐定律计算电流环产生的磁场。

解:(1) 建模:

第7章 MATLAB在物理学中的应用

载流导线产生磁场的基本规律为:任一电流元 Idl 在空间任一点 P 处所产生的磁感应强度 $d\boldsymbol{B}$ 为下列向量的叉乘积,即

$$d\boldsymbol{B} = \frac{\mu_0}{4\pi} \cdot \frac{Idl \times \boldsymbol{r}}{r^3}$$

r 为电流元到 P 点的矢径,dl 为导线元的长度矢量。P 点的总磁场可沿载流导体全长积分各段产生的磁场来求得。

(2) MATLAB 程序:

```
clear all;                              % 清工作空间及变量初始化
mu0=4*pi*1e-7;                          % 真空导磁率(T*m/A)
I0=5.0;                                 % 环中电流(A)
Rh=input('输入环半径 Rh(m):');
C0=mu0/(4*pi)*I0;                       % 归并常数
xMax=3;yMax=3;                          % 规定图的范围
NGx=21;NGy=21;                          % 规定观测点网格线数
x=linspace(-xMax,xMax,NGx);             % 确定观测点的 x,y 坐标数组
y=linspace(-yMax,yMax,NGy);
Nh=20;                                  %电流环分段数
% 计算每段的端点,环在 x=0 平面上,其坐标 x1,x2 均为零
theta0=linspace(0,2*pi,Nh+1);           % 环的圆周角分段
theta1=theta0(1:Nh);
y1=Rh*cos(theta1);                      % 环各段向量的起点坐标 y1,z1
z1=Rh*sin(theta1);
theta2=theta0(2:Nh+1);
y2=Rh*cos(theta2);                      % 环各段向量的终点坐标 y2,z2
z2=Rh*sin(theta2);
dlx=0;                                  % 计算环各段向量 dl 的三个分量
dly=y2-y1;
dlz=z2-z1;
xc=0;                                   % 计算环各段向量中点的三个坐标
                                          分量
yc=(y2+y1)/2;
zc=(z2+z1)/2;
% 循环计算各网格点上的 B(x,y) 值
for i=1:NGy
  for j=1:NGx
% 对 yz 平面内的电流环分段作元素群运算,先算环上某段与观测点之间的向量 r
rx=x(j)-xc; ry=y(i)-yc;
rz=-zc;                                 % 观测点在 z=0 平面上
r3=sqrt(rx.^2+ry.^2+rz.^2).^3;          % 计算 r3
```

```
dlXr_x=dly.*rz-dlz.*ry;              % 计算叉乘积 dl X r 的 x 和 y 分量
dlXr_y=dlz.*rx-dlx.*rz;
Bx(i,j)=sum(C0*dlXr_x./r3);          % 把磁场各段的 x 和 y 分量累加
By(i,j)=sum(C0*dlXr_y./r3);
end
end
clf;   quiver(x,y,Bx,By);            % 用 quiver 画磁场向量图
hold on;
plot(0,Rh,'bo');plot(0,-Rh,'rx');    % 在图上画出电流环
xlabel('x');ylabel('y'); hold off;
```

(3) 程序运行结果：

运行此程序,当输入环半径 Rh(m)：2 时,所得如图 7.10 所示磁场分布图,读者可改变电流环的直径来分析其对磁场分布的影响。

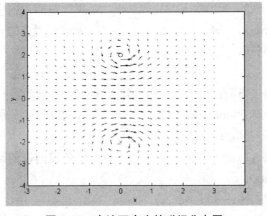

图 7.10 电流环产生的磁场分布图

7.4 振动与波

例 7.9 振动的合成及拍频现象。分别输入两个正弦波的振幅、相位及频率,观察其合成的结果,特别是观察当两个信号的频率接近时产生的拍频现象。

解：(1) 建模：

两个同方向的振动 $y_1=a_1\sin(\omega_1 t+\varphi_1)$ 和 $y_2=a_2\sin(\omega_2 t+\varphi_2)$ 相加,得

$$y=y_1+y_2=a_1 sin(\omega_1 t+\varphi_1)+a_2 sin(\omega_2 t+\varphi_2)$$

用三角函数关系,可求出

$$y=(a_1+a_2)\sin\left(\frac{\omega_1+\omega_2}{2}t+\frac{\varphi_1+\varphi_2}{2}\right)\cos\left(\frac{\omega_1-\omega_2}{2}t+\frac{\varphi_1-\varphi_2}{2}\right)$$
$$+(a_1-a_2)\sin\left(\frac{\omega_1-\omega_2}{2}t+\frac{\varphi_1-\varphi_2}{2}\right)\cos\left(\frac{\omega_1+\omega_2}{2}t+\frac{\varphi_1+\varphi_2}{2}\right)$$

当 ω_1 和 ω_2 很接近时，$\dfrac{\omega_1-\omega_2}{2}$ 成为一个很低的频率，称为拍频，从用 MATLAB 程序得到的图形和声音中可以很清楚地观察拍频现象。

（2）MATLAB 程序：

t＝0：0.001：10;   %给出时间轴上10秒钟,分10000个点
% 输入两组信号的振幅、相位和频率
a1＝input('振幅 1＝');
w1＝input('频率 1＝');
a2＝input('振幅 2＝');
w2＝input('频率 2＝');
y1＝a1＊sin(w1＊t);   %生成两个正弦波
y2＝a2＊sin(w2＊t);
y＝y1＋y2;   %将两个波叠加
subplot(3,1,1),plot(t,y1),ylabel('y1')   %画出曲线
subplot(3,1,2),plot(t,y2),ylabel('y2')
subplot(3,1,3),plot(t,y),ylabel('y'),xlabel('t')
pause
sound(y1);pause(2)   %产生声音
sound(y2);pause(2)
sound(y),pause

（3）程序运行结果：

输入以下数据

振幅 1＝2.1,频率 1＝290

振幅 2＝1.9,频率 2＝300

运行结果如图 7.11 所示。由于两个频率非常接近,因此产生了差拍频率,通过声音可以听到拍频现象。

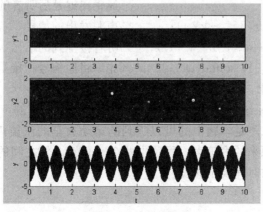

图 7.11　拍频现象

● **例 7.10** 多普勒效应的验证。设声源从 500 m 外以 50 m/s 的速度向听者直线驶来，其轨迹与听者的最小垂直距离为 $y_0=20$ m，参看图 7.12，声源的角频率为 1000 rad/s，试求听者接收到的信号波形方程并生成其相应的声音。

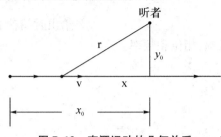

图 7.12 声源运动的几何关系

解：(1) 建模：

设声源发出的信号为 $f(t)$，传到听者处，被听者接收的信号经历了声音传播的延迟，延迟时间为

$$\Delta t = \frac{r}{c}$$

其中，c 为音速，r 为声源与听者之间的距离，故接收的信号形式为（不考虑声波的传输衰减）

$$f_1(t) = f\left(t - \frac{r}{c}\right)$$

只要给出 $f(t)$ 及 r 随 t 变化的关系，即可求得并将它恢复为声音信号。

(2) MATLAB 程序：

```
x0=500;v=60;y0=30;              %设定声源运动参数
c=330;w=1000;                   %音速和频率
t=0：0.001：30;                 %设定时间数组
r=sqrt((x0-v*t).^2+y0.^2);      %计算声源与听者距离
t1=t-r/c;                       %经距离迟延后听者的等效时间
u=sin(w*t)+sin(1.1*w*t);        %声源发出的信号
u1=sin(w*t1)+sin(1.1*w*t1);     %听者接受到的信号
sound(u);pause(9);sound(u1);    %先后将原信号和接受到的信号恢复为声音
```

(3) 程序运行结果：

打开计算机声音系统，运行程序将会听到类似于火车汽笛的声音。第一声音是火车静止时的汽笛声，第二声是本题中的可以听到的运动火车的汽笛声，它的频率先高于原来的汽笛声，后低于原来的汽笛声。程序中两个 sound 语句之间的 pause（暂停）语句是不可少的，而且暂停的时间要足够长。

7.5 光　学

●**例 7.11**　双缝(两点)光干涉图案。单色光通过两个窄缝射向屏幕，相当于位置不同的两个同频同相光源向屏幕照射的叠合，由于到达屏幕各点的距离(光程)不同引起相位差，如图 7.13 所示，叠加的结果是在有的点加强，在有的点抵消，造成干涉现象。纯粹的单色光不易获得，通常都有一定的光谱宽度，这种光的非单色性对光的干涉会产生何种效应，要求用 MATLAB 计算并仿真这一问题。

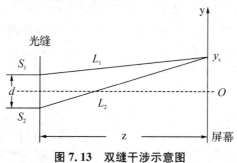

图 7.13　双缝干涉示意图

解：(1) 建模：
考虑两个相干光源到屏幕上任意点的距离差引起的相位差

$$L_1 = \sqrt{\left(y_s - \frac{d}{2}\right)^2 + z^2},\ L_2 = \sqrt{\left(y_s + \frac{d}{2}\right)^2 + z^2}$$

则光程差为

$$\Delta L = L_1 - L_2$$

将 ΔL 除以波长 λ，并乘以 2π，得到相位差 $\phi = 2\pi \cdot \dfrac{\Delta L}{\lambda}$。设两束相干光在屏幕上产生的幅度相同，均为 A_0，则夹角为 ϕ 的两个向量 A_0 的合成向量的幅度为

$$A = 2A_0 \cos(\phi/2)$$

光强 B 正比于振幅的平方，故有

$$B = 4B_0 \cos^2(\phi/2)$$

根据这些关系式，可以编写出计算屏幕上各点光强的程序。
(2) MATLAB 程序：

```
clear;
Lambda=input('输入光的波长(单位为 nm)：');
Lambda=Lambda * 1e-9;                    % 将 nm 换变为 m
```

```
d=input('输入两个缝的间距(单位为 mm):');
d=d*0.001;                                      % 将 mm 变换为 m
Z=input('输入缝到屏的距离(单位为 m):');
yMax=5*Lambda*Z/d; xs=yMax;                     % 设定图案的 y,x 向范围
Ny=101;ys=linspace(-yMax,yMax,Ny);              % y 方向分成 101 点
for i=1:Ny                                      % 对屏上全部点进行循环计算
% 计算第一和第二个光源到屏上各点的距离
L1=sqrt((ys(i)-d/2).^2+Z^2);
L2=sqrt((ys(i)+d/2).^2+Z^2);
Phi=2*pi*(L2-L1)/Lambda;                        % 从距离差计算相位差
B(i,:)=4*cos(Phi/2).^2;                         % 计算该点光强(设两束光强相
                                                %   同)
end
% 在屏上画出图象
% clf; figure(gcf);                             % 清图形窗,将它移到前面
NCLevels=255;                                   % 确定用的灰度等级
% 定标:使最大光强(4.0)对应于最大灰度级(白色)
Br=(B/4.0)*NCLevels;
subplot(1,2,1),image(xs,ys,Br);                 % 画图像
colormap(gray(NCLevels));                       % 用灰度级颜色图
subplot(1,2,2),plot(B(:),ys)                    % 画出沿 y 向的光强变化曲线
```

(3) 程序运行结果:

程序运行后当输入以下参数时:输入光的波长(单位为 nm):500,输入两个缝的间距(单位为 mm):2,输入缝到屏的距离(单位为 m):1 就会产生如图 7.14 所示的图像,可以看出光强的干涉分布呈现正弦规律的变化。

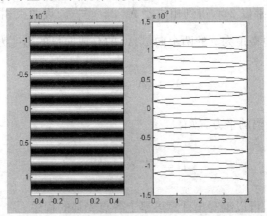

图 7.14 双缝干涉条纹及光强分布

● 例 7.12 用 MATLAB 程序来计算演示光的单缝衍射现象。

解:(1) 建模:

第7章 MATLAB在物理学中的应用

把单色平行光通过的光缝当做 N 点干涉来计算,单缝衍射的几何关系如图 7.15 所示,其中 a 为缝宽,它应该是很小的,这里为了能标注清楚,特意夸大了。

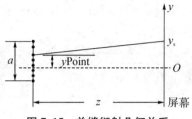

图 7.15 单缝衍射几何关系

把单缝看做一排等间隔光源,共 NPoint 个光源分布在 $-a/2 \sim +a/2$ 区间内。若屏幕源上任一点 y_s 处的光强为这 NPoint 个光源照射结果的合成。

设光源的 y 坐标为 yPoint 则它到 y_s 的路程为

$$L = \sqrt{(y_s - yPoint)^2 + z^2}$$

(2) MATLAB 程序:

```
clear;
Lambda=input('输入光的波长(单位为 nm));
Lambda=Lambda * 1e-9;                              % 将 nm 换变为 m
aWidth=input('输入缝宽(单位为 mm));
aWidth=aWidth * 0.001;                             % 将 mm 变换为 m
Z=input('输入缝到屏的距离(单位为 m));
ymax=3 * Lambda * Z/aWidth;                        % 屏幕范围(沿 y 向)
Ny=51;                                             % 屏幕上的点数(沿 y 向)
ys=linspace(-ymax,ymax,Ny);
NPoints=51;                                        % 缝上的点数(沿 y 向)
yPoint=linspace(-aWidth/2,aWidth/2,NPoints);       % 把缝上的点数设成数组
for j=1:Ny                                         % 对屏幕上 y 向各点作
                                                   %   循环
% 对光缝中各点作循环,计算缝点到屏幕位置的距离
L=sqrt((ys(j)-yPoint).^2+Z^2);                     % L 是一个数组
Phi=2 * pi. * (L-Z)./Lambda;                       % 计算相对于屏幕中心的
                                                   %   相位差,也是一个数组

%求每个分量的累加和
SumCos=sum(cos(Phi));                              % 数组求和
SumSin=sum(sin(Phi));
%求屏幕上的归一化光强;
B(j)=(SumCos^2+SumSin^2)/NPoints^2;
end
plot(ys,B,'*',ys,B);grid          % 屏幕上光强与位置的关系曲线
axis([-ymax,ymax,0.0,1.0]);
```

(3) 程序运行结果：

当运行程序并输入 Lambda＝600 nm, Z＝1 m, 缝宽 aWidth 分别为 0.3 mm, 1.2 mm, 2.3 mm 三种不同情况时, 会产生如图 7.16(a)~(c)所示的几种衍射光强分布情况。这三种情况统称费涅耳衍射。

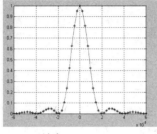 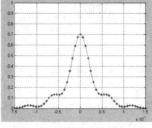 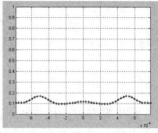

(a) 缝宽 aWidth=0.3 mm (b) 缝宽 aWidth=1.2 mm (c) 缝宽 aWidth=2.3 mm

图 7.16 衍射光强分布曲线

习题

1. 如图 7.17 所示, 长为 L 的悬臂梁所示, 左端固定。在离固定端 L_1 处施加力 P, 求它的转角和扰度, 设梁 $E=2e-11N/m^2$ 和 $I=2e-5m^4$ 为已知。

2. 一质点的运动方程为 $x=Ae^{-lt}\cos at$, 求质点任意时刻的加速度。

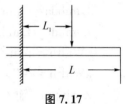

图 7.17

3. 轻型飞机连同驾驶员总质量为 $m=1.0\times10^3$ kg, 飞机以 $v_0=55.0$ m·s^{-1} 的速率在水平跑道上着陆后, 驾驶员开始制动, 若阻力与时间成正比, 比例系数 $\alpha=5.0\times10^2$ N·s^{-1} 求飞机着陆后 10 s 内滑行的距离。

4. 绘制氧分子在不同温度下的波尔兹曼速率分布曲线, 并依据曲线得出相应温度下的最概然速率。

5. 运用 MATLAB 软件编写一段简短而通用的程序, 实现二维平面上电荷系统的静电场电势线的模拟, 来表达点电荷模型的概念和电势叠加原理。

6. 利用 MATLAB 绘制环形电流磁感应强度在三维坐标中的分布图像。

7. 已知一质点作简谐振动的运动学方程为: $x=0.05\cos\left(8\pi t+\dfrac{\pi}{3}\right)$, 用 MATLAB 的绘图语句画出质点简谐振动的位移曲线。

8. 利用 MATLAB 绘制三个不同频率简谐振动在三维空间中的简谐振动合成的轨迹。

9. 两列相关光波在某点 P 处叠加, 其合成光强分布为 $I=I_1+I_2+2\sqrt{I_1 I_2}\cos\delta$, 式中, I_1、I_2 为两列光波到达 P 点时的光强, δ 为两列光波的相位差, 求透镜上任一点 P 所对应的光强为: $I=2I_0\sin^2\left(\dfrac{\pi r^2}{R\lambda}\right)$。

第 8 章　MATLAB 在电路分析中的应用

在 MATLAB 中,所有的变量和常量都以矩阵的形式存在。行向量可视作 $1\times n$,列向量可视作 $n\times 1$ 的矩阵,标量可视作 1×1 的矩阵。矩阵中的各元素可以是复数或者表达式。这些特点使 MATLAB 具有强大的矩阵运算和复数运算能力,在处理电路分析的各种问题时,相比与其他语言,编辑更加简便,运算效率更高,更易于实现。

本章主要通过介绍一些电路分析的 MATLAB 编程方法和技巧,研究其在电路分析中的编程应用,进一步为 MATLAB 在其他课程中的应用打好基础,使读者更好的掌握该门语言。

8.1　电阻电路

例 8.1　电阻电路的计算中的应用:在如图 8.1 所示的电路中,已知:$R_1=3\ \Omega$,$R_2=5\ \Omega$,$R_3=9\ \Omega$,$R_4=2\ \Omega$,$R_5=6\ \Omega$,$R_6=R_7=1\ \Omega$。

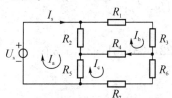

图 8.1　基本电阻电路图

(1) 已知 $U_s=48\ \text{V}$,求 I_s 和 I_0。
(2) 已知 $I_0=2\ \text{A}$,求 U_s 和 I_s。

解:(1) 建模:
采用网孔法,按图 8.1 可列写网孔方程:

$$\begin{cases}(R_2+R_5)I_a-R_2I_b-R_5I_c=U_s\\-R_2I_a+(R_1+R_2+R_3+R_4)I_b-R_4I_c=0\\-R_5I_a-R_4I_b+(R_4+R_5+R_6+R_7)I_c=0\end{cases}$$

写成矩阵形式为:

$$\begin{bmatrix}R_2+R_5 & -R_2 & -R_5\\-R_2 & R_1+R_2+R_3+R_4 & -R_4\\-R_5 & -R_4 & R_4+R_5+R_6+R_7\end{bmatrix}\begin{bmatrix}I_a\\I_b\\I_c\end{bmatrix}=\begin{bmatrix}1\\0\\0\end{bmatrix}U_s$$

可记作:$AI=BU_s$　则 $I=A^{-1}BU_s$
代入数值可得:

$$\begin{bmatrix} 5+6 & -5 & -6 \\ -5 & 3+5+9+2 & -2 \\ -6 & -2 & 2+6+1+1 \end{bmatrix} \begin{bmatrix} I_a \\ I_b \\ I_c \end{bmatrix} = \begin{bmatrix} 1 \\ 0 \\ 0 \end{bmatrix} U_s$$

①令 $U_s=48$ V，由 $I_s=I_a$, $I_0=I_b-I_c$ 即可得到问题(1)的解。

②根据电路的线性性质，可令 $I_s=k_1U_s$, $I_0=k_2U_s$，由问题(1)的结果，再根据图 8.1 所示电路，可得：

$$k_1 = \frac{I_s}{U_s}, k_2 = \frac{I_0}{U_s}$$

由此并通过下式求得问题(2)的解：

$$U_s = \frac{I_0}{k_2}, I_s = k_1 U_s = \frac{k_1}{k_2} I_0$$

(2) MATLAB 程序如下：

```
clear;
R1=3;R2=5;R3=9;R4=2;R5=6;R6=1;R7=1;           % 为给定元件赋值
display('问题(1)')                              % 求解问题(1)
a11=R2+R5;   a12=-R2;   a13=-R5;               % 对 A 矩阵各元素赋值
a21=-R2;   a22=R1+R2+R3+R4;   a23=-R4;
a31=-R5;   a32=-R4;   a33=R4+R5+R6+R7;
b1=1; b2=0; b3=0;                              % 对 B 矩阵各元素赋值
Us=input('请输入给定 Us=');                     % 输入求解问题(1)的已知条件
A=[a11,a12,a13;a21,a22,a23;a31,a32,a33];       % 列出矩阵 A
B=[b1,b2,b3];                                   % 列出矩阵 B,注意 B 为列向 S 量,需要对行向量进行转置
I=A\B*Us;                                       % 方程求解
Ia=I(1);   Ib=I(2);   Ic=I(3);                 % 解出网孔电流
Is=Ia,   I0=Ib-Ic                              % 解出所需变量
display('问题(2)')                              % 利用电路的线性性质及问题(1)的解求解问题(2)
I02=input('请输入给定 I02=');                   % 输入求解问题(2)的已知条件
k1=Is/Us;   k2=I0/Us;                          % 由问题(1)得出待求量与 Us 的比例系数
Us2=I02/k2,   Is2=k1/k2*I02                    % 求出待求变量
```

(3) 程序运行结果

问题(1)

请输入给定 Us=48

Is=9.0000   I0=−3.0000
问题(2)
请输入给定 I02=2
Us2=−32.0000   Is2=−6
答案为：
- $I_s=9$ A, $I_0=-3$ A
- $U_s=-32$ V, $I_s=-6A$

在熟悉了 MATLAB 编程后，可将上述程序中关于元件参数赋值部分的语句直接用矩阵赋值语句实现：

A=[5+6 −5 −6; −5 3+5+9+2 −2;−6 −2 2+6+1+1]; ％注意元素之间的空格

B=[1 0 0]′;

● 例 8.2 戴维宁定理中的应用：在如图 8.2 所示的电路中，已知 $R_1=R_2=2$ Ω，$R_3=4$ Ω，$k_1=2$，$k_2=4$，$U_s=6$ V，负载电阻 R_L 可变。

(1) 负载电阻 R_L 为何值时可吸收最大功率？求此最大功率。

(2) 研究 R_L 在 0～10 Ω 范围内变化时，其吸收功率的情况。

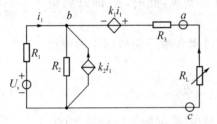

图 8.2 戴维宁定理应用电路图

解：(1) 建模：

先求图 8.2 中 a 端以左的戴维宁等效电路。断开 a 端并接入外接电流源 i_s，如图 8.3 所示。选 c 为参考结点，列结点电压方程：

$$\frac{1}{R_3}u_a - \frac{1}{R_3}u_b = \frac{k_1}{R_3}i_1 + i_s$$

$$-\frac{1}{R_3}u_a + \left(\frac{1}{R_1}+\frac{1}{R_2}+\frac{1}{R_3}\right)u_b = \frac{1}{R_1}u_s + k_2 i_1 - \frac{k_1}{R_3}i_1$$

$$i_1 = \frac{1}{R_1}u_s - \frac{1}{R_1}u_b$$

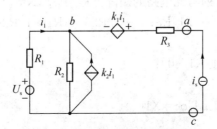

图 8.3 接入外接电源后的电路图

将上式中所有的电源都移至等式右边,变量项都移至等式左边,整理得:

$$\frac{1}{R_3}u_a - \frac{1}{R_3}u_b - \frac{k_1}{R_3}i_1 = i_s$$

$$-\frac{1}{R_3}u_a + \left(\frac{1}{R_1} + \frac{1}{R_2} + \frac{1}{R_3}\right)u_b + \left(\frac{k_1}{R_3} - k_2\right)i_1 = \frac{1}{R_1}u_s$$

$$i_1 + \frac{1}{R_1}u_b = \frac{1}{R_1}u_s$$

写成矩阵为:

$$\begin{bmatrix} \frac{1}{R_3} & -\frac{1}{R_3} & -\frac{k_1}{R_3} \\ -\frac{1}{R_3} & \frac{1}{R_1}+\frac{1}{R_2}+\frac{1}{R_3} & \frac{k_1}{R_3}-k_2 \\ 0 & \frac{1}{R_2} & 1 \end{bmatrix} \begin{bmatrix} u_a \\ u_b \\ i_1 \end{bmatrix} = \begin{bmatrix} 0 & 1 \\ \frac{1}{R_1} & 0 \\ \frac{1}{R_1} & 0 \end{bmatrix} \begin{bmatrix} u_s \\ i_s \end{bmatrix}$$

记作 $AX = Bu$,则 $X = A^{-1}Bu$,可计算 U_a 的值,戴维宁等效电路如图 8.4 所示。其方程为:

$$u_a = u_{ac} = R_{eq} \cdot i_s + u_{oc}$$

因此,令 $i_s = 0$ A, $u_s = 6$ V,此时, u_a 即开路电压 u_{ac}。

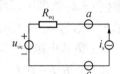

图 8.4 戴维宁等效电路的求解

再令 $u_s = 0, i_s = 1$ A,可得含源一端口网络的戴维宁等效电阻(输入电阻)为:

$$R_{eq} = \frac{u_a}{i_s} = u_a$$

于是可求得戴维宁等效电路,如图 8.5 所示,因此当 R_L 获得最大功率时,有:

$$R_L = R_{eq}, P_{max} = \frac{u_{oc}^2}{4R_{eq}}$$

对问题(2),由图 8.5 可得 R_L 吸收的功率为:

$$P = \frac{R_L u_{oc}^2}{(R_{eq} + R_L)^2}$$

图 8.5 戴维宁等效电路

令 $R_L = 1\ \Omega, 2\ \Omega, 3\ \Omega, \cdots, 10\ \Omega$,分别求得对应的功率 P,并画图。

(2) MATLAB 程序如下:

```
clear;
R1=2; R2=2; R3=4; k1=2; k2=4;         % 设置元件参数
%按照 A*X=B*u 列写此电路的矩阵方程,其中,X=[Ua Ub I1]';u=[Us Is]'
A=[1/R3  -1/R3  -k1/R3;  -1/R3  1/R1+1/R2+1/R3  k1/R3-k2;0  1/R1 1];
B=[0  1;1/R1  0;1/R1  0];
Us=6; Is=0;                            % 令 Is=0,求 Uoc=X1(1)
X1=A\B*[Us  Is]'; Uoc=X1(1)
Us2=0; Is2=1;                          % 令 Is=1 A,并将 Us 置零,求
```

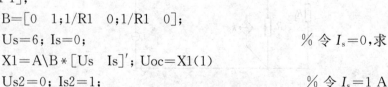

第8章 MATLAB 在电路分析中的应用

X2=A\B*[Us2 Is2]′;Req=X2(1) $R_{eq}=U_a/I_s=X2(1)$
　　　　　　　　　　　　　　　　　% 解出 R_{eq}
RL=Req;Pmax=Uoc.^2/(4*Req)   % 计算最大功率 P_{max}
RL=0:0.1:10;P=Uoc^2*RL./((Req+RL).*(Req+R_L))
　　　　　　　　　　　　　　　　　% 设置 R_L 序列,并计算相应的功率
figure(1),plot(RL,P)   % 绘制功率随 R_L 变化的曲线
xlabel('RL( )'),ylabel('P(W)'),grid

(3) 程序运行结果
Uoc=6.0000
Req=4.0000
RL=4.0000
Pmax=2.2500

答案为:
◆ $R_L=4\ \Omega$ 时可吸收最大功率,最大功率为 2.25 W;
◆ 功率随负载变化的曲线如图 8.6 所示。

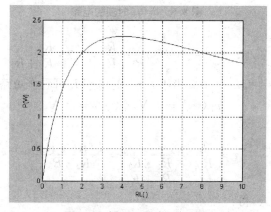

图 8.6 例 8.2 程序运行结果

8.2 动态电路

● **例 8.3**　一阶动态电路,三要素法求解中的应用:在如图 8.7 所示的电路中,已知:$R_1=1\ \Omega,R_2=4\ \Omega,R_3=2\ \Omega,U_s=10\ V,I_s=3\ A,L=2\ H$。

(1) 在 $t=0$ 时,开关闭合,在开关动作前,电路已达稳态,试求:$t\geqslant 0$ 时的 $u_L(t)$ 和 $i_L(t)$,并画出它们的波形。

(2) 在经过 10 s 后,开关 S_1 闭合,S_2 打开,求此时的 $u_L(t)$ 和 $i_L(i)$,并画出其波形。

解:(1) 建模:
① 用三要素法求解。先求初始值 $u_L(0_+)$ 及 $i_L(0_+)$。

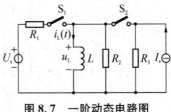

图 8.7　一阶动态电路图

开关动作前，电感 L 可看作短路，$u_L(0_-)=0$ V，$i_L(0_-)=\dfrac{U_s}{R_1}=10$ V，根据换路定律，可得电感初始电流：

$$i_L(0_+)=i_L(0_-)=\dfrac{U_s}{R_1}=10 \text{ A}$$

由于 $u_L(0_+)$ 为非独立初始条件，作出 $t=0_+$ 时刻电路如图 8.8 所示，可求得：

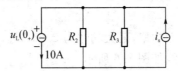

图 8.8　$t=0_+$ 时刻的电路

$$u_L(0_+)=-(10-3)\dfrac{R_2 \cdot R_3}{R_2+R_3}=-7 \cdot \dfrac{R_2 \cdot R_3}{R_2+R_3}$$

再求稳态值 $i_L(\infty)$ 和 $u_L(\infty)$。当 $t\to\infty$ 时电感 L 可看作短路，则

$$u_L(\infty)=0 \text{ V}, i_L(\infty)=3 \text{ A}$$

时间常数为：

$$\tau=\dfrac{L}{R_{eq}}=\dfrac{L}{\dfrac{R_2 \cdot R_3}{R_2+R_3}}=\dfrac{L(R_2+R_3)}{R_2 \cdot R_3}$$

根据三要素法公式，得：

$$u_L(t)=u_L(\infty)+[u_L(0_+)-u_L(\infty)]e^{-t/\tau_1} \qquad t\geqslant 0$$
$$i_L(t)=i_L(\infty)+[i_L(0_+)-i_L(\infty)]e^{-t/\tau_1} \qquad t\geqslant 0$$

② 经过 10 s 后，开关 S_1 闭合，S_2 打开，为了求得 $t=10_+$ 时的初始值，先作电路如图 8.9 所示，则

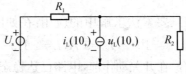

图 8.9　$t=10_+$ 时刻的电路

$$i_L(10_+)=i_L(10_-)$$
$$\left(\dfrac{1}{R_1}+\dfrac{1}{R_2}\right)u_L(10_+)=-i_L(10_+)+\dfrac{U_s}{R_1}$$

即
$$u_L(10_+) = \frac{-i_L(10_+) + \dfrac{u_s}{R_1}}{\dfrac{1}{R_1} + \dfrac{1}{R_2}}$$

达到稳态后，此时各稳态值为：
$$u_L(\infty) = 0 \text{ V}, i_L(\infty) = \frac{U_s}{R_1}$$

而该过渡过程的时间常数为：
$$\tau_2 = \frac{1}{\dfrac{R_1 \cdot R_2}{R_1 + R_2}} = \frac{L(R_1 + R_2)}{R_1 R_2}$$

根据三要素法公式，可得：
$$u_L(t) = u_L(\infty) + [u_L(10_+) - u_L(\infty)]e^{-(t-10)/\tau_2} \qquad t \geqslant 10$$
$$i_L(t) = i_L(\infty) + [i_L(10_+) - i_L(\infty)]e^{-(t-10)/\tau_2} \qquad t \geqslant 10$$

(2) MATLAB 程序：

```
clear;
R1=1;R2=4;R3=2;Us=10;Is=3;L=2;              % 给出已知数据
display('问题(1)')
iL0=Us/R1,uL0=-7*R2*R3/(R2+R3)               % 计算初始值
iLf=3,uLf=0;                                  % 给出稳态值
t=[-2,-1,0-eps,0+eps,1:9,10-eps,10+eps,11:20];
%设定时间数组,注意在 t=0 和 t=10 附近设两个点,eps 为一个极小的正值
%该时间数组共有 25 个元素,其中,t=10+eps 对应的下标为 15
iL(1:3)=10;uL(1:3)=0;                         % t<0 时的值,括号内表
                                              示数组下标
T1=L*(R2+R3)/R2/R3;                           % 计算时间常数
iL(4:14)=iLf+(iL0-iLf)*exp(-t(4:14)/T1);
% 三要素法求解 t∈[0,10]时的 iL
uL(4:14)=uLf+(uL0-uLf)*exp(-t(4:14)/T1);
% 三要素法求解 t∈[0,10]时的 uL
display('问题(2)')
iL(15)=iL(14);iLl0=iL(15);uL(15)=(Us/R1-iL(15))/(1R1+1R2);uLl0=uL(15);
%计算 t=10+eps 时的初值,并显示
iLf2=Us/R1;uLf2=0;                            % 计算新的稳态值
T2=L*(R1+R2)/R1/R2;                           % 计算时间常数
iL(15:25)=iLf2+(iL(15)-iLf2)*exp(-(t(15:25)-t(15))/T2);
% 三要素法求解 t∈[10,20]时的 iL
uL(15:25)=uLf2+(uL(15)-uLf2)*exp(-(t(15:25)-t(15))/T2);
% 三要素法求解 t∈[10,20]时的 uL
```

```
subplot(2,1,1);hl=plot(t,iL);              % 绘制 iL 的过渡过程曲线
grid, set(hl,'linewidth',2);ylabel('iL');  % 加大线宽
subplot(2,1,2); h2=plot(t,uL);             % 绘制 iL 的过渡过程曲线
grid,set(h2,'linewidth',2); ylabel('uL');
```

(3) 程序运行结果

问题(1)

iL0=10   uL0=−9.3333   iLf=3   uLf=0   T1=1.5000

问题(2)

iLl0=3.0089   uL10=5.5929   iLf2=10   uLf2=0   T2=2.5000

答案为：

◆ $i_L = 3+(10-3)e^{-\frac{t}{1.5}} = 3+7e^{\frac{2t}{3}}$ $0 \leqslant t < 10$

  $u_L(t) = -9.3333e^{-\frac{t}{15}} = -9.3333e^{-\frac{2t}{3}}$ $0 \leqslant t < 10$

◆ $i_L(t) = 10+(3.0089-10)e^{-\frac{t-10}{2.5}} = 10-6.9911e^{-0.4(t-10)}$ $t \geqslant 10$

  $u_t(t) = 5.5929e^{\frac{t-10}{2.5}} = 5.5929e^{-0.4(t-10)}$ $t \geqslant 10$

u_L 及 i_L 的过渡过程曲线如图 8.10 所示

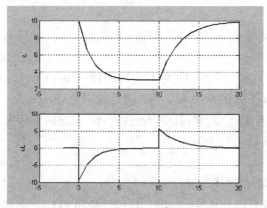

图 8.10   例 8.3 程序运行结果

● 例 8.4   在如图所示的一阶电路中，已知 $R=1\ \Omega, L=1\ H, u_{s_2}=5\ V, u_{s_2}=u_{slm}\cos(\omega t)V$，其中，$u_{slm}=4\ V, \omega=2\ rad/s$，当 $t=0$ 时开关 S 由位置 1 合向位置 2。试求：电感电流的全响应，区分其暂态响应与稳态响应，并画出波形。

解：(1) 建模：

开关动作后，电路的微分方程为：

$$L\frac{di_L}{d_1}+Ri_L=u_{s_1}$$

图 8.11   例 8.4 电路图

其时间常数为：

$$\tau=\frac{L}{R}$$

按正弦激励下的三要素法公式，方程的解为

$$i_L(t)=i_{L\infty}(t)+[i_L(0_+)-i_{L\infty}(0_+)]e^{-t/\tau} \qquad t \geqslant 0$$

第8章 MATLAB在电路分析中的应用

式中，$i_L(0_+)$为电感的初始电流，在开关S闭合前后不发生跃变，即

$$i_L(0_+) = i_L(0_-) = \frac{u_{s_2}}{R} \quad (t<0 \text{ 时电感相当于短路})$$

$i_{L\infty}(t)$为微分方程的特解，可设为$i_{L\infty}(t)=I_{Lm}\cos(\omega t+\varphi)$，由相量法可知：

$$\dot{I}_{Lm} = \frac{\dot{U}_{slm}}{R+j\omega L} = \frac{U_{slm}\angle 0°}{R+j\omega L} = \frac{U_{slm}}{\sqrt{R^2+\omega^2 L^2}}\angle -\arctan\frac{\omega L}{R}$$

即

$$I_{Lm} = \frac{U_{slm}}{\sqrt{R^2+\omega^2 L^2}}, \varphi = -\arctan\frac{\omega L}{R}, \ i_{L\infty}(0_+) = I_{Lm}\cos\varphi$$

可得电感电流的全响应为：

$$i_L(t) = i_{L\infty}(t) + [i_L(0_+) - i_{L\infty}(0_+)]e^{-t/\tau}$$
$$= I_{Lm}\cos(\omega t+\varphi) + [i_L(0_+) - i_{L\infty}(0_+)]e^{-t/\tau}, \quad t \geq 0$$

其暂态响应为：

$$i_{Ltr}(t) = [i_L(0_+) - i_{L\infty}(0_+)]e^{-t/\tau}$$

稳态响应为：

$$i_{Lp(t)} = I_{Lm}\cos(\omega t+\varphi)$$

(2) MATLAB程序

```
clear;
R=1;L=1;Us2=5;Uslm=4;w=2;          % 输入元件参数
T=L/R;iL0=Us2/R;                    % 计算时间常数和电流在t=0+时刻的
                                      初始值
z=sqrt(R*R+w*w*L*L);                % 计算回路复阻抗的模
t=0:0.1:10;                         % 设定时间数组
usl=Uslm*cos(w*t);                  % 设定激励信号
iLpm=Uslm/z;                        % 计算正弦稳态时电流的最大值
fi=-atan(w*L/R);                    % 计算正弦稳态时电流的初相位
iLp=iLpm*cos(w*t+fi);               % 计算稳态分量
iLp0=iLp(1);                        % 电流稳态分量的初始值
iLtr=(iL0-iLp0)*exp(-t/T);          % 计算暂态分量
iL=iLp+iLtr;                        % 计算全响应
plot(t,iL,t,iLtr,t,iLp),grid        % 把三种数据绘制在同一张图上
legend('iL','iLtr','iLp')           % 用图例标注各数据
```

(3) 程序运行结果

电感上的暂态、稳态和总电流波形曲线如图8.12所示。

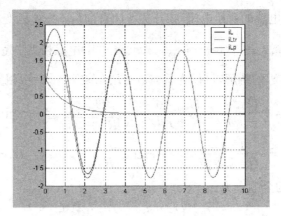

图 8.12 例 8.4 程序运行结果

● **例 8.5** 二阶过阻尼电路的零输入响应分析。

在如图 8.13 所示的二阶电路中，电容原先已充电，$u_c(0_-)=u_0=6$ V，$R=2.5$ Ω，$L=0.25$ H，$C=0.25$ F，开关 S 在 $t=0$ 时刻闭合。求

(1) $t \geqslant 0$ 时的 $u_c(t)$ 和 $i(t)$，并绘出它们的过渡过程曲线。

(2) 若要使该电路在临界阻尼下放电，在 L 和 C 不变时，电阻 R 应为何值？绘出此时的 $u_c(t)$ 和 $i(t)$ 曲线。

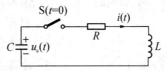

图 8.13 二阶过阻尼电路图

解：(1) 建模：

① 开关 S 闭合后，电路的微分方程为：

$$LC\frac{d^2 u_c}{dt^2} + RC\frac{du_c}{dt} + u_c = 0$$

初始条件为：

$$u_c(0_+) = u_c(0_-) = 6 \text{ V}$$

$$\frac{du_c}{dt}\bigg|_{t=0_+} = -\frac{i(0_+)}{C} = -\frac{1}{C}i(0_-) = 0$$

特征方程为：

$$LCP^2 + RCP + 1 = 0$$

方程的特征根为：

$$P_{1,2} = -\frac{R}{2L} \pm \sqrt{\left(\frac{R}{2L}\right)^2 - \frac{1}{LC}} = -\delta \pm \sqrt{\delta^2 - \omega_0^2}$$

其中，

$$\delta = \frac{R}{2L} \quad \omega_0 = \frac{1}{\sqrt{LC}}$$

由于 $R > 2\sqrt{\dfrac{L}{C}}$，则方程的特征根为两个不相等实根，因此过渡过程为过阻尼状态。

令 $P_1 = -\delta + \sqrt{\delta^2 - \omega_0^2}$, $P_2 = -\delta - \sqrt{\delta^2 - \omega_0^2}$

微分方程的通解可表示为：

$$u_c(t) = A_1 e^{P_1 t} + A_2 e^{P_2 t}$$

代入初始值,可得方程组

$$A_1 + A_2 = u_c(0_+)$$

$$A_1 P_1 + A_2 P_2 = \frac{du_c}{dt}\Big|_{t=0_+} = -\frac{i(0_+)}{c}$$

从中可解得 A_1 和 A_2, 从而可得 $u_c(t)$ 表达式,并解得：

$$i(t) = -C\frac{du_c}{dt} = -C(A_1 P_1 e^{P_1 t} + A_2 P_2 e^{P_2 t})$$

②若使电路在临界阻尼下放电,则应满足：

$$\left(\frac{R}{2L}\right)^2 - \frac{1}{LC} = 0$$

即

$$R = 2\sqrt{\frac{L}{C}}$$

此时特征方程的根为：

$$P_{1,2} = -\frac{R}{2L} = -\delta$$

微分方程的通解为：

$$u_c(t) = (A_1 + A_2 t)e^{P_1 t}$$

$$\frac{du_c}{dt} = A_1 P_1 e^{P_1 t} + A_2(e^{P_1 t} + P_1 t e^{P_1 t}) = (A_2 + A_1 P_1 + A_2 P_1 t)e^{P_1 t}$$

代入初始条件得：

$$A_1 = u_c(0_+)$$

$$A_1 P_1 + A_2 = \frac{du}{dt}\Big|_{t=0_+} = -\frac{i(0_+)}{C}$$

解得 A_1, A_2, 并求得 $u_c(t)$ 后,可求得：

$$i(t) = -C\frac{du_c}{dt} = -C(A_2 + A_1 P_1 + A_2 P_1 t)e^{P_1 t}$$

(2) MATLAB程序如下：

```
clear;
clc;
%求解问题(1)
R=2.5; L=0.25; C=0.25;              % 输入元件参数
uc0=6; iL0=0;                       % 输入初始值
delta=R/2/L; w0=sqrt(1/L/C);        % 计算相应参数
p1=-delta+sqrt(delta^2-w0^2);       % 计算特征方程的根
p2=-delta-sqrt(delta^2-w0^2);
A=[1 1;p1 p2];B=[uc0;-iL0/C];       % 计算待定常数
X=A/B;
A1=X(1); A2=X(2);
```

```
t=0:0.01:4;                                          % 设定时间数组
uc=A1*exp(p1*t)+A2*exp(p2*t);                        % 计算 u_c
iL=-C*(A1*p1*exp(p1*t)+A2*p2*exp(p2*t));             % 计算 i_L
subplot(2,1,1),plot(t,uc,'-',t,iL,'-.'),grid         % 绘制待求曲线
title('过阻尼'),legend('uc','iL')                    % 用图例标注各数据
求解问题(2)
R2=2*sqrt(L/C)                                       % 计算临界阻尼时的电阻值
delta2=R/2/L; p=-delta2;                             % 计算临界阻尼时的特征方
                                                       程的根
D=[1 p1];                                            % 计算此时的待定常数
Y=D\B; A12=Y(1); A22=Y(2);
uc2=(A12+A22*t).*exp(p*t);                           % 计算此时的 u_c
L2=-C*(A22+A12*p+A22*p*t).*exp(p*t);                 % 计算此时的 i_L
subplot(2,1,2),plot(t,uc2,'-',t,L2,'-.'),grid        % 绘制待求曲线
title('临界阻尼'),legend('uc','iL')
%通过上下两幅曲线的比较可以清楚地观察到过阻尼和临界阻尼的区别
```

(3) 程序运行结果：

过渡过程曲线如图 8.14 所示。

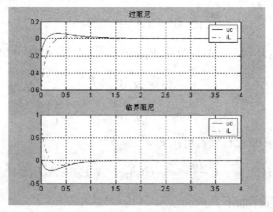

图 8.14　例 8.5 程序运行结果

●**例 8.6**　二阶欠阻尼电路的零输入响应中的应用：在如图 8.15 所示的二阶电路中，$R=1\text{ k}\Omega$，$C=2\text{ }\mu\text{F}$，$L=2.5\text{ H}$，电容原先已充电，且 $u_c(0_-)=10\text{ V}$，在 $t=0$ 时开关 S 闭合。试求 $u_c(t)$，$i(t)$，$u_L(t)$，绘出各曲线图；开关 S 闭合后的 i_{max} 为多大？

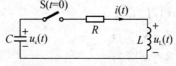

图 8.15　二阶欠阻尼电路

解：(1) 建模：

开关S闭合后,电路的微分方程为:
$$\frac{d^2 u_c(t)}{dt^2} + \frac{R}{L}\frac{du_c(t)}{dt} + \frac{1}{LC}u_c(t) = 0$$

其初始值为:
$$u_c(0_-) = 10\text{ V}, i(0_-) = 0\text{ A}, \frac{du_c}{dt}\bigg|_{t=0} = 0$$

令 $\delta = \frac{R}{2L}, \omega_0 = \frac{1}{\sqrt{LC}}$,并对电路方程作拉普拉斯变换,可得:

$$s^2 U_c(s) - s U_c(0_-) - \frac{du_c}{dt}\bigg|_{t=0_-} + 2\delta[s U_c(s) - u_c(0_-)] + \omega_0^2 U_c(s) = 0$$

整理可得:
$$u_c(s) = \frac{s U_c(0_-) + 2\delta U_c(0_-) + \frac{du_c}{dt}\big|_{t=0_-}}{s^2 + 2\delta s + \omega_0^2}$$

上式也可用运算电路直接得到. 对其求拉普拉斯反变换,就可得到时域函数,若将等式右端的多项式分解为部分分式,得:

$$u_c(s) = \frac{r_1}{s - P_1} + \frac{r_2}{s - P_2}$$

其中,P_1 和 P_2 是多项式分式的极点,而 r_1 和 r_2 则是它们对应的留数,反变换后可得:

$$u_c(s) = r_1 e^{P_1 t} + r_2 e^{P_2 t}$$

在MATLAB中,函数residue可专门用来求多项式分式的极点和留数,其格式为:
◆ [r,p,k]=residue(num,den)
其中,num 和 den 分别为分子、分母多项式系数组成的数组,则可用下列语句求得 $u_c(t)$:
◆ uc=r(1)*exp(p(1)*t)+r(2)*exp(p(2)*t)
对于电流 i,可用求导运算得到:

$$i(t) = -C\frac{du_c}{dt} - Cr_1 P_1 e^{P_1 t} - Cr_2 P_2 e^{P_2 t}$$

同理可求得电感电压为:

$$u_L(t) = L\frac{di}{dt} = -LCr_1 P_1^2 e^{P_1 t} - LCr_2 P_2^2 e^{P_2 t}$$

(2) MATLAB程序如下:
```
clear
clc
R=1000; L=2.5; C=2*10^-6;              % 输入元件参数
uc0=10; iL0=0;                          % 给出初始值
delta=R/2/L; w0=sqrt(1/L/C);
dt=0.0001; t=0:dt:0.025;                % 设定时间数组,注意终值选
                                         择须有利于观察波形
num=[uc0,2*delta*uc0];                  % u_c(s)的分子系数多项式
den=[1,2*delta,w0*w0];                  % u_c(s)的分母系数多项式
[r,p,k]=residue(num,den);               % 求极点和留数
```

```
uc=r(1)*exp(p(1)*t)+r(2)*exp(p(2)*t);     % 求 u_c(t)
iL=-C*diff(uc)/dt;                         % 求 i_L(t)
uL=L*diff(iL)/dt;                          % 求 u_L(t)
subplot(3,1,1),plot(t,uc),grid,ylabel('uc')              % 绘制 u_c
subplot(3,1,2),plot(t(1:end-1),iL),grid,ylabel('iL')     % 绘制 i_L,注意求导后
                                                           数%据减少了一个
subplot(3,1,3),plot(t(1:end-2),uL),grid,ylabel('uL')     % 绘制 u_L,注意求导后
                                                           数%据又减少了一个
```

(3) 程序运行结果

得出过渡过程曲线如图 8.16 所示。

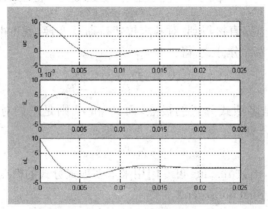

图 8.16　例 8.6 程序运行结果

在图 8.16 中,利用 MATLAB 绘图窗口中的视图缩放(放大镜)功能,在的图形 $u_c(t)$ 上多次点击鼠标左键,可以得到 $u_c(t)$ 第一次为零时对应的时刻 $t=2.67*10^{-3}$s;同理,在 $i_L(t)$ 的图形上多次点击,可以得到 $t=2.67*10^{-3}$s 时的电流值为 $i_L(t)=5.14*10^{-3}$ A

注意:由于 residue 程序在遇到重根时会出现奇异解,从而导致结果错误,所以利用 residue 的方法不适用于重根情况。

8.3　正弦稳态电路

● 例 8.7　简单正弦稳态电路。

如图 8.17 所示的电路中,已知 $\dot{U}=8\angle 30°$ V,$Z=(1-j0.5)$ Ω,$Z_1=(1+j)$ Ω,$Z_2=(3-j1)$ Ω,求各支路电流、电压和电路的输入导纳,并画出电路的相量图。

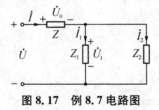

图 8.17　例 8.7 电路图

解：(1) 建模：

Z_1，Z_2 并联的等效阻抗为：$\quad Z_{12}=\dfrac{Z_1 Z_2}{Z_1+Z_2}$

输入阻抗为：$\quad Z_{\text{in}}=Z+Z_{12}$

则输入导纳为：$\quad Y_{\text{in}}=\dfrac{1}{Z_{\text{in}}}$

总电流为：$\quad \dot{I}=\dfrac{\dot{U}}{Z_{\text{in}}}$

利用分流公式计算 $\dot{I}_1$ 和 $\dot{I}_2$，得：$\quad \dot{I}_1=\dfrac{Z_2 \dot{I}}{Z_1+Z_2} \quad \dot{I}_2=\dot{I}-\dot{I}_1$

各电压为：$\quad \dot{U}_1=Z_{12}\cdot \dot{I}, \dot{U}_0=Z\cdot \dot{I}$

(2) MATLAB 程序如下：

```
clear;
z=1-j*0.5; z1=1+j*1; z2=3-j*1;          % 输入已知条件,注意相量的输入方法应采用指数形式
U=8*exp(j*30*pi/180);                    % 注意度和弧度的转换.
z12=z1*z2/(z1+z2);
zin=z+z12;                               % 计算总阻抗
Y=1/zin;                                 % 计算总导纳
I=U/zin;                                 % 计算总电流
I1=I*z2/(z1+z2);                         % 利用分流原理计算 I1
I2=I-I1;                                 % 利用 KCL 计算 I2
U1=z12*I; U0=z*I;                        % 计算各电压
disp('U  I  I1  I2  U0  U1')             % 显示计算结果
disp('幅值'),disp(abs([U,I,I1,I2,U0,U1])) % 显示幅值
disp('相角'),disp(angle([U,I,I1,I2,U0,U1])*180/pi) % 显示相角,注意转换
subplot(1,2,1),hau=compass([U,U0,U1])    % 绘制电压相量图；
set(hau,'linewidth',2)
subplot(1,2,2),hai=compass([I,I1,I2])    % 绘制电流相量图
set(hai,'linewidth',2)
```

(3) 程序运行结果

	U	I	I1	I2	U0	U1
幅值	8.0000	4.0000	3.1623	1.4142	4.4721	4.4721
相角	30.0000	30.0000	11.5651	75.0000	3.4349	56.5651

得相量图如图 8.18 所示。

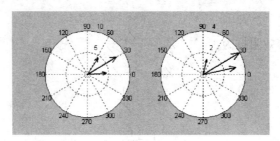

图 8.18　例 8.7 程序运行结果

● **例 8.8**　非正弦交流电路中的应用：如图 8.19 所示的电路，已知电路各参数已示于图中，电源电压为：

$$u_s(t) = [50 + 100\sin(314t) - 40\cos(628t) + 10\sin(942t + 20°)] \text{V}$$

试求：电流 $i(t)$、电源发出的功率及电源电压和电流的有效值。

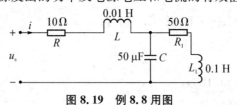

图 8.19　例 8.8 用图

解：(1) 建模：

这是一个含有四个频率分量的正弦稳态电路问题，可以按每个频率成分单独作别计算，再叠加起来；也可以利用 MATLAB 语言的特有的矩阵运算功能，把多个频率分量及相应的电压、电流、阻抗等都看作由一系列元素构成的行向量，每一元素对应一种频率分量的值，因为它们服从同样的方程，所以按照此方法编写的程序较为简洁。

$$\begin{aligned} u_s(t) &= 50 + 100\sin(314t) - 40\cos(628t) + 10\sin(942t+20°) \text{V} \\ &= 50 + 100\cos(314t-90°) - 40\cos(628t) + 10\cos(942t-70°) \text{V} \\ &= u_0 + U_{1m}\cos(\omega_1 t + \theta_{u_1}) - U_{2m}\cos(2\omega_1 t + \theta_{u_2}) + U_{3m}\cos(3\omega_1 t + \theta_{u_3}) \text{V} \end{aligned}$$

设电流：$i(t) = I_0 + I_{1m}\cos(314t + \theta_{i_1}) - I_{2m}\cos(628t + \theta_{i_2}) + I_{3m}\cos(942t + \theta_{i_3})$ A

当频率为 ω 时，总阻抗：

$$Z_k = R + j\omega L + \cfrac{1}{j\omega C + \cfrac{1}{R_1 + j\omega L_1}} = |Z_k| < \varphi_k$$

其中 $\omega = k\omega_1 (k=1,2,3)$

则

$$I_0 = \frac{U_0}{Z_0}, \quad P_{s_0} = U_0 I_0$$

$$\dot{I}_{km} = \frac{\dot{U}_{km}}{Z_k} \quad (k=1,2,3)$$

$$P_{sk} = \frac{1}{2} U_{km} I_{km} \cos\varphi_k$$

电源发出的平均功率为：　$P = P_{s_0} + P_{s_1} + P_{s_2} + P_{s_3}$

第8章 MATLAB在电路分析中的应用

电源电压有效值为：
$$U_k = \sqrt{U_0^2 + \frac{U_{1m}^2}{2} + \frac{U_{2m}^2}{2} + \frac{U_{3m}^2}{2}}$$

电源电流有效值为：
$$I = \sqrt{I_0^2 + \frac{I_{1m}^2}{2} + \frac{I_{2m}^2}{2} + \frac{I_{3m}^2}{2}}$$

(2) MATLAB程序

```
clear;
R=10;R1=50;L=0.01;L1=0.1;C=50*10^-6;      % 已知条件
U0=50;I0=U0/(R+R1);P0=U0*I0;               % 单独求直流分量的响应
W=[314,628,942];                           % 设定频率数组，注意不包括直流
Um=[100,40,10];                            % 给出各次谐波电压分量的幅值；
thitau=[-pi/2,0,-70*pi/180];               % 按余弦规律给出各次谐波电压分量的初相位
Us=[100*exp(j*thitau(1)),-40,10*exp(j*thitau(3))];  % 给出各次谐波电压相量
Zk=1./(1./(R1+j*W*L1)+j*W*L);              % 计算各次谐波总阻抗
phi=angle(Zk);                             % 计算各次谐波总阻抗的阻抗角，单位为弧度
I=Us./Zk;                                  % 计算各次谐波电流相量
thitai=angle(1)*180/pi;                    % 计算各次谐波电流的初相位
Im=abs(I);                                 % 计算各次谐波电流相量的幅值
P=1/2*Um.*Im.*cos(phi);                    % 计算各次谐波下的功率
Ps=P0+P(1)+P(2)+P(3);                      % 计算总功率
U=sqrt(U0^2+1/2*Um(1)^2+1/2*Um(2)^2+1/2*Um(3)^2)    % 计算电压有效值
I=sqrt(I0^2+1/2*Im(1)^2+1/2*Im(2)^2+1/2*Im(3)^2)    % 计算电流有效值
W
Im
phi
thitau
```

(3) 程序运行结果

I0=0.8333　　Ps=120.3104　　U=91.3783　　I=1.4965

w	Im	phi
314.000	1.403	−70.68
628.0000	0.9405	54.5522
942.0000	0.4866	−18.8087

由程序运行结果可知,答案为:

(1) 电源发出的功率为 120.3104 W,电压有效值为 91.3783 V,电流有效值为1.4965 A。

(2) $i(t) = 0.8333 + 1.4032\cos(314t - 70.6831°) - 0.9405\cos(628t + 54.5522°) + 0.4866\cos(942t - 18.8087°)$ A

● **例 8.9** 含受控源的电路:戴维宁定理中的应用:在如图 8.20 所示的电路中,已知 $\dot{U}_s = 10\angle -45°$ V,$w = 10^3$ rad/s,$R_1 = 1\ \Omega$,$R_2 = 2\ \Omega$,$C = 10^3\ \mu$F,$L = 0.4$ mH,求 Z_L(可任意变动)能获得的最大功率。

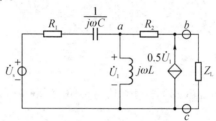

图 8.20 例 8.9 电路图

解:(1) 建模:

这是一个求最大功率的问题,利用戴维宁定理来求解比较方便,为了求出 Z_L 除外的源一端口的戴维宁等效电路,可把 b 端断开并接入外加电流源 $\dot{I}_s$ 如图 8.21 所示。

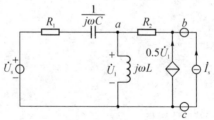

图 8.21 求解戴维宁等效电路

以结点 c 为参考结点,列出结点电压方程及附加方程为:

$$\left(\frac{1}{R_1 + \frac{1}{jwc}} + \frac{1}{jwL} + \frac{1}{R_2}\right)\dot{U}_a - \frac{1}{R_2}\dot{U}_b = \frac{\dot{U}_s}{R_1 + \frac{1}{jwc}}$$

$$-\frac{1}{R_2}\dot{U}_a + \frac{1}{R_2}\dot{U}_b = \dot{I}_s + 0.5\dot{U}_1$$

$$\dot{U}_a = \dot{U}_1$$

整理以上方程,将未知量 $\dot{U}_a, \dot{U}_b, \dot{U}_1$ 都移到等号左端,得:

第8章 MATLAB在电路分析中的应用

$$\begin{bmatrix} \dfrac{1}{R_1+\dfrac{1}{jwc}}+\dfrac{1}{jwL}+\dfrac{1}{R_2} & -\dfrac{1}{R_2} & 0 \\ -\dfrac{1}{R_2} & \dfrac{1}{R_2} & -0.5 \\ 1 & 0 & -1 \end{bmatrix} \begin{bmatrix} \dot{U}_a \\ \dot{U}_b \\ \dot{I}_1 \end{bmatrix} = \begin{bmatrix} \dfrac{1}{R_1+\dfrac{1}{jwc}} & 0 \\ 0 & 1 \\ 0 & 0 \end{bmatrix} \begin{bmatrix} \dot{U}_s \\ \dot{I}_s \end{bmatrix}$$

令 $\dot{I}_s=0, \dot{U}_s=10\angle-45°\text{V}$ 可得开路电压 $\dot{U}_{oc}=\dot{U}_b$;

令 $\dot{U}_s=0, \dot{I}_s=1\angle 0°\text{ A}, \omega=10^3\text{ rad/s}$,

可得戴维宁等效阻抗为:

$$Z_{eq}=\frac{\dot{U}_{oc}}{\dot{I}_s}=\dot{U}_b;$$

负载在 Z_L 获得最大功率时须满足 $Z_L=Z_{eq}^*$, 此时最大功率为:

$$P_{L\max}=\frac{|\dot{U}_{oc}|^2}{4R_L}$$

其中 $R_L=R_e[Z_L]$。

(2) MATLAB 程序如下:

clear;
R1=1; R2=2; C=1000/10^6; L=0.4/10^-3; w=1000;
Y11=1/R2+1/(j*w*L)+1/(R1+1/(j*w*C));
A=[Y11 −1/R2 0;−1/R2 1/R2 −0.5;1 0 −1];
B=[1/(R1+1/(j*w*C)) 0;0 1;0 0];
Us=10*exp(−j*45*pi/180);Is=0;   % 令 $I_s=0$, 求 $U_{oc}=X1(2)$
X1=A\B*[Us Is2].'; Uoc=X1(2),absuoc=abs(Uoc)
Us2=0;Is2=1;   % 令 $I_s=1$ A, 并将 U_s 置零, 求
                                       $Z_{eq}=U_b/I_s=X2(2)$
X2=A\B*[Us2 Is2].'; Zeq=X2(2)   % 解出 Z_{eq}
ZL=Zeq', Pmax=(abs(Uoc))^2/(4*real(Zeq)) % 计算最大功率 $P_{\max}$

(3) 程序运行结果:

Uoc=−0.0000+7.0711i   absuoc=7.0711
Zeq=2.0000+1.0000i   ZL=2.0000−1.0000i   Pmax=6.2500

由程序运行结果可知, 负载最大功率产生于 $Z_L=Z_{eq}^*=2-j1\ \Omega$ 时, 此时 $P_{\max}=6.25\ \text{W}$。

● **例 8.10** 含互感的电路:复功率中的应用:在如图 8.22 所示电路中, 已知 $R_1=R_2=1\ \Omega, \omega L_1=3\ \Omega, \omega L_2=2\ \Omega, \omega M=2\ \Omega, \dot{U}=100\angle 0°\ \text{V}$。

求:(1) 开关 S 打开时的电流 $\dot{I}_1$;

(2) 开关 S 闭合时的电流 $\dot{I}_1, \dot{I}_2$ 和 $\dot{I}_3$, 以及此时电源发出的复功率。

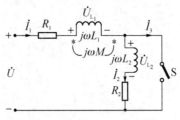

图 8.22 例 8.10 电路图

解:(1) 建模:

本题可用去耦等效电路计算,也可以直接列方程计算。

①开关 S 打开时,两电感线圈形成顺接,此时电路总阻抗为

$$Z_{eq}=R_1+R_2+j\omega(L_1+L_2+2M)$$

$$\dot{I}_1=\frac{\dot{U}}{Z_{eq}}$$

②开关 S 闭合时,可列写出回路 KVL 方程为:

$$(R_1+j\omega L_1)\dot{I}_1+j\omega M\dot{I}_2=\dot{U}$$

$$(R_2+j\omega L_2)\dot{I}_2+j\omega M\dot{I}_1=0$$

附加方程: $\dot{I}_3=\dot{I}_1-\dot{I}_2$

整理得:

$$\begin{bmatrix} R_1+j\omega L_1 & j\omega M & 0 \\ j\omega M & R_2+j\omega L_2 & 0 \\ 1 & -1 & -1 \end{bmatrix} \begin{bmatrix} \dot{I}_1 \\ \dot{I}_2 \\ \dot{I}_3 \end{bmatrix} = \begin{bmatrix} \dot{U} \\ 0 \\ 0 \end{bmatrix}$$

电源发出的复功率为: $S=\dot{U}\cdot\dot{I}_1$

(2) MATLAB 程序如下:

```
clear;
R1=1;R2=1;wL1=3;wL2=2;wM=2;U=100;
Zeq=R1+R2+j*(wL1+wL2+2*wM);            %串联总阻抗
I11=U/Zeq;                              %开关打开时的 I_1
A=[R1+j*wL1 j*wM 0;j*wM R2+j*wL2 0;1 -1 -1];
B=[U 0 0]';
I=A\B;                                  %计算 I_1,I_2,I_3
I1=I(1);I2=I(2);I3=I(3);S=U*I1;         %计算电源发出的复功率
disp('I11 I1 I2 I3')
disp('幅值'),disp(abs([I11,I1,I2,I3]))
disp('相角'),disp(angle([I11,I1,I2,I3])*180/pi)
```

(3) 程序运行结果

S=3.4615e+003+2.6923e+003i

	I11	I1	I2	I3
幅值	10.8465	43.8529	39.2232	80.8608

第 8 章 MATLAB 在电路分析中的应用

| 相角 | −77.4712 | −37.8750 | −168.6901 | −25.3462 |

答案为：

(1) 开关打开时，$\dot{I}_1 = 10.8465\angle-77.4712°$ A，

(2) 开关闭合时，$\dot{I}_1 = 43.8529\angle-37.8750°$ A，$\dot{I}_2 = 39.2232\angle168.690°$ A，$\dot{I}_3 = 80.8608\angle-25.3462°$ A，电源发出的复功率为 $S = 3461.5 + j2692.3$ V·A

例 8.11 正弦稳态电路：求未知参数。

在如图 8.23 的电路中，已知 $U=100$ V，$U_c=100\sqrt{3}$ V，$X_c=-100\sqrt{3}$ Ω，阻抗 Z_x 的阻抗角 $|\varphi_x|=60°$，求 Z_x 电路的输入阻抗 Z_{in}。

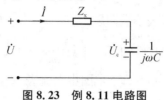

图 8.23 例 8.11 电路图

解：(1) 建模：

设电流为 $\dot{I}$ 参考相量，且有：

$$\dot{I} = \frac{U_c}{|X_c|}\angle0° = I\angle0° \text{ A}$$

根据 $U=100 < U_c=100\sqrt{3}$ V 可知 Z_x 应为感性阻抗，即 $\varphi_s=60°$

电路的输入阻抗为：$Z_{in} = \dfrac{\dot{U}}{\dot{I}} = \dfrac{U\angle\varphi}{I\angle0°} = \dfrac{U}{I}\angle\varphi = \dfrac{U}{I}\cos\varphi + j\dfrac{U}{I}\sin\varphi$

又因为 $Z_{in} = jX_c + Z_x = jX_c + |Z_x|\cos\varphi_s + j|Z_x|\sin\varphi_x$

得：
$$\begin{cases} \dfrac{U}{I}\cos\varphi = |Z_X|\cos\varphi_x \\ \dfrac{U}{I}\sin\varphi = |Z_X|\sin\varphi_x + X_c \end{cases}$$

两式平方后相加得：$\left(\dfrac{U}{I}\right)^2 = |Z_X|^2 + 2X_c\sin\varphi + X_c^2$

即：

$$|Z_X|^2 + 2X_c\sin\varphi_x|Z_X| + X_c^2 - \left(\dfrac{U}{I}\right)^2 = 0$$

$$|Z_X| = \dfrac{-2X_c\sin\varphi_x \pm \sqrt{(2X_c\sin\varphi_x)^2 - 4\left[X_c^2 - \left(\dfrac{U}{I}\right)^2\right]}}{2}$$

解得 $|Z_x|$，可得：$Z_{in} = Z_x + jX_C$（注意 $|Z_x|$ 有两个解）

(2) MATLAB 程序如下：

```
clear;
U=100;Uc=100*sqrt(3);Xc=-100*sqrt(3);phix=60*pi/180;
I=Uc/abs(Xc);                          % 计算总电流 I
a=1;b=2*Xc*sin(phix);c=Xc^2-U*U/I/I;   % 计算各系数
```

```
Zxabs1=(-b+sqrt(b*b-4*a*c))/2/a;        % 计算|Z_x|解,注意有两个
Zxabs2=(-b-sqrt(b*b-4*a*c))/2/a;
Zx1=Zxabs1*exp(j*phix),Zin1=Zx1+j*Xc    % 求出 Z_x,并同时求出 Z_in
Zx2=Zxabs2*exp(j*phix),Zin2=Zx2+j*Xc    % 本题的第二个解
```

(3) 程序运行结果:

Zxl=1.0000e+002+1.7321e+002i   Zinl=100.0000

Zx2=50.0000+86.6025i   Zin2=50.0000-86.6025i

答案为:$Z_{X1}=100+j173.2\ \Omega$,$Z_{in1}=100\ \Omega$

$Z_{X2}=50+j86.6025\ \Omega$,$Z_{in2}=50-j86.6025\ \Omega$

● **例 8.12**　正弦稳态电路:仪表读数问题。

在如图 8.24 所示的电路中,已知,$R=1\ \Omega$,$\frac{1}{\omega C_2}=1.5\ \omega L$,$\omega=10^4\ \text{rad/s}$,电压表的读数为 10 V,电流表 A_1 的读数为 30 A。求图中电流表 A_2 和功率表的读数以及电路的输入阻抗 Z_{in}。

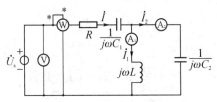

图 8.24　例 8.12 电路图

解:(1) 建模:

令电流 $\dot{I}_1=I_1\angle 0°$,根据 L 和 C_2 并联且满足 $\frac{1}{\omega C_2}=1.5\omega L$ 应用分流原理可得:

$$\frac{\dot{I}_2}{\dot{I}_1}=\frac{j\omega L}{\frac{1}{j\omega C_2}}=\frac{j\omega L}{-j\frac{1}{\omega C_2}}$$

即

$$\dot{I}_2=\frac{j\omega L}{-j\frac{1}{\omega C_2}}\cdot \dot{I}_1=-\frac{1}{1.5}\cdot \dot{I}_1$$

可得电流表 A_2 的读数: $\dot{I}_2=|\dot{I}_2|$

总电流 $\dot{I}$ 为:

$$\dot{I}=\dot{I}_1+\dot{I}_2=I\angle 0°$$

电阻 R 消耗的功率为 $P=RI^2$,即为功率表的读数(电容、电感不消耗有功功率)。由于 $P=UI\cos\varphi$,

解得:

$$\cos\varphi=\frac{P}{UI},\varphi=\arccos\frac{P}{UI}$$

$$|Z_{in}|=\frac{U_S}{I},Z_{in}=|Z_{in}|\angle\varphi$$

(2) MATLAB 程序如下:

```
clear
R=1;w=10^4;Us=10;I1=30*exp(j*0);a=1.5;   % 输入已知,设 I1 初相位为 0
I2=-I1/a;I2abs=abs(I2)                    % 计算电流表 A2 的读数
I=I1+I2;                                  % 计算总电流
P=abs(I)^2*R                              % 计算功率表读数
phi=acos(P/Us/I)                          % 计算输入阻抗的阻抗角
Zinabs=Us/abs(I)                          % 计算输入阻抗的模
Zin=Zinabs*exp(j*phi)                     % 写出输入阻抗
```

(3) 程序运行结果:

I2abs=20   P=100   phi=0   Zinabs=1   Zin=1

答案为:

电流表 A_2 的读数为 20 A,功率表的读数为 100 W,电路的输入阻抗为 $Z_{in}=1\angle 0°\ \Omega$

8.4 频率响应

电路在单一独立激励作用下,其零状态响应 $r(t)$ 的象函数 $R(s)$ 与激励 $e(t)$ 的象函数 $E(s)$ 之比定义为该电路的网络函数 $H(s)$。如果令网络函数 $H(s)$ 中复频率 s 等于 $j\omega$,分析 $H(j\omega)$ 随 ω 变化的情况,就可以预见相应的转移函数或驱动点函数在正弦稳态情况下随 ω 变化的特性。

对于某一固定角频率 ω,$H(j\omega)$ 通常是一个复数,可以表示为:

$$H(j\omega)=|H(j\omega)|e^{j\varphi}=\frac{\dot{R}}{\dot{E}}$$

其中,$|H(j\omega)|$ 为网络函数在角频率 ω 处的模值,$|H(j\omega)|$ 随 ω 变化的关系称为幅值频率响应,简称幅频特性;而 $\varphi=\arg[H(j\omega)]$ 随 ω 变化的关系称为相位频率响应,简称相频特性。在 MATLAB 中,abs(H) 和 angle(H) 函数可以用来直接计算幅频响应和相频响应,其图形的频率坐标(横坐标)可以根据需要设定为线性坐标(用 plot 函数)或对数坐标(用 semilogx 函数),这大大方便了计算和绘制幅频特性和相频特性。

● **例 8.13** 一阶低通电路的频率响应中的应用:

如图 8.25 所示的电路为一阶 RC 电路,分析以 $\dot{U}_c$ 为输出时该电路的频率响应函数,并画出其幅频特性和相频特性。

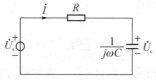

图 8.25 例 8.13 电路图

解：(1) 建模：

频率响应函数为：

$$H(j\omega) = \frac{\dot{U}_C}{\dot{U}_S} = \frac{\frac{1}{j\omega C}}{R + \frac{1}{j\omega C}} = \frac{1}{1+j\omega CR} = \frac{1}{1+j\frac{\omega}{\omega_c}}$$

其中，$\omega_c = \frac{1}{RC}$ 为截止角频率。

设无量纲频率 $\omega_w = \frac{\omega}{\omega_c}$，取 $\omega_w = 0, 0.2, 0.4\cdots, 4$，可画出幅频响应和相频响应。

(2) MATLAB 程序如下：

```
clear;
ww=0：01：5;                              % 设定频率数组 ww=w/wc
H=1./(1+j*ww);                            % 求复频率响应
figure(1)                                 % 绘制线性频率特性
subplot(2,1,1),plot(ww,abs(H))            % 绘制幅频特性
grid,xlabel('ww'),ylabel('abs(H)')
subplot(2,1,2),plot(ww,angle(H))          % 绘制相频特性
grid,xlabel('ww'),ylabel('angle(H)')
figure(2)                                 % 绘制对数频率特性
subplot(2,1,1),semilogx(ww,20*log10(abs(H)))   % 纵坐标为分贝
grid,xlabel('ww'),ylabel('DB')
subplot(2,1,2),semilogx(ww,angle(H))      % 绘制相频特性
grid,xlabel('ww'),ylabel('angle(H)')
```

(3) 程序运行结果

程序运行结果如图 8.26 和图 8.27 所示。

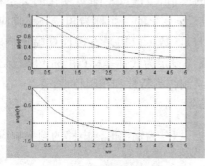

图 8.26　线性频率特性

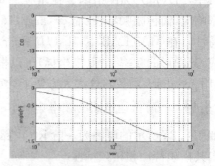

图 8.27　对数频率特性

● **例 8.14**　频率响应：二阶低通电路的应用：如图 8.28 所示的电路是典型的二阶低通电路，若以 $\dot{U}_C$ 为响应，求频率响应函数，画出其幅频特性和相频特性。

解：(1) 建模：

根据分压原理可知，该电路的网络函数为

第8章 MATLAB在电路分析中的应用

$$H(s)=\frac{U_C(s)}{U_S(s)}=\frac{\dfrac{1}{\dfrac{1}{R}+sC}}{\dfrac{1}{\dfrac{1}{R}+sC}+sL}=\frac{1}{s^2LC+s\dfrac{L}{R}+1}=\frac{\dfrac{1}{LC}}{s^2+s\dfrac{1}{RC}+\dfrac{1}{LC}}=\frac{\omega_n^2}{s^2+s\dfrac{\omega_n}{Q}+\omega_n^2}$$

其中 $\omega_n=\dfrac{1}{\sqrt{LC}}$, $Q=RC\omega_n=R\sqrt{\dfrac{C}{L}}$

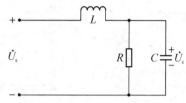

图8.28 例8.14的电路图

频率响应为: $H(j\omega)=\dfrac{\dot{U}_c}{\dot{U}_s}=H(s)|_{s=j\omega}=\dfrac{\omega_n^2}{(j\omega)^2+j\omega\dfrac{\omega_n}{Q}+\omega_n^2}=\dfrac{1}{1-\left(\dfrac{\omega}{\omega_n}\right)^2+j\dfrac{1}{Q}\dfrac{\omega}{\omega_n}}$

对数幅频响应为: $G=20\log|H(j\omega)|$

相频特性为: $\theta(\omega)=\arg|H(j\omega)|$

$\omega_w=\dfrac{\omega}{\omega_n}=0.1,\cdots,1,\cdots,10$ 为横坐标,并令 $Q=\dfrac{1}{3},\dfrac{1}{2},\dfrac{1}{\sqrt{2}},1,2,5$,画图,在 $Q=\dfrac{1}{\sqrt{2}}$ 时称为最平幅度特性,即在通带内其幅频特性最平坦。

(2) MATLAB 程序如下:

```
clear
n=50                                     % 数据个数,增大n的值可以观察到谐振
                                           点附近的情况
ww=logspace(-1,1,n);                     % 设定无量纲频率数 w_w=w/w_c 在0.1
                                           和10之间产生n个数据
for Q=[1/3,1/2,1/sqrt(2),1,2,5]
H=1./(1+j*ww/Q-ww.*ww);                  % 计算频率响应
figure(1)                                % 绘制线性频率
                                           特性
subplot(2,1,1),plot(ww,abs(H)),hold on   % 绘制幅频特性
subplot(2,1,2),plot(ww,angle(H)),hold on % 绘制相频特性
figure(2)                                % 绘制对数频特性
subplot(2,1,1),semilogx(ww,20*log10(abs(H))),hold on  % 纵坐标为分贝
subplot(2,1,2), semilogx (ww,angle(H)),hold on        % 绘制相频特性
end
figure(1),subplot(2,1,1),grid,xlabel('ww'),ylabel('abs(H)'),hold off
subplot(2,1,2),grid,xlabel('ww'),ylabel('angle(H)'),hold off
```

figure(2),subplot(2,1,1),grid,xlabel('ww'),ylabel('DB'),hold off
subplot(2,1,2),grid,xlabel('ww'),ylabel('angle(H)'),hold off

(3) 程序运行结果：

程序运行结果如图 8.29 和图 8.30 所示。

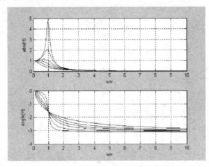

图 8.29　线性频率特性

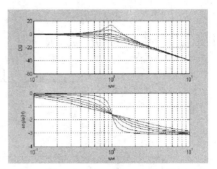

图 8.30　对数频率特性

● 例 8.15　频率响应：二阶带通电路中的应用：如图 8.31 所示的串联谐振电路，若以为响应 U_R，试分析其频率响应。

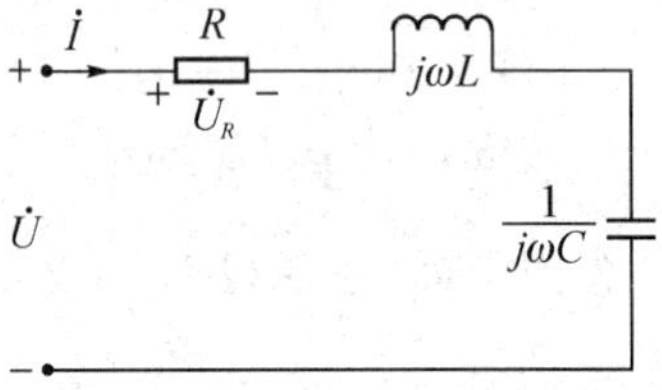

图 8.31　例 8.15 电路图

解：(1) 建模：

令 $\omega_0 = \dfrac{1}{\sqrt{LC}}$，$Q = \dfrac{1}{R}\sqrt{\dfrac{L}{C}} = \dfrac{\omega_0 L}{R} = \dfrac{1}{\omega_0 CR}$，$\eta = \dfrac{\omega}{\omega_0}$，则电路的阻抗为：

$$Z(j\omega) = R + j\left(\omega L - \dfrac{1}{\omega C}\right) = R\left[1 + j\left(\dfrac{\omega L}{R} - \dfrac{1}{\omega CR}\right)\right] = R\left[1 + jQ\left(\eta - \dfrac{1}{\eta}\right)\right]$$

$$H(j\omega) = \dfrac{\dot{U}_R}{\dot{U}} = \dfrac{R}{Z(j\omega)} = \dfrac{R}{R + j\left(\omega L - \dfrac{1}{\omega C}\right)} = \dfrac{1}{1 + jQ\left(\eta - \dfrac{1}{\eta}\right)}$$

对数幅频响应为：　　　　　　　$G = 20\log|H(j\omega)|$

相频响应为：　　　　　　　　　$\theta(\omega) = \arg[H(j\omega)]$

取 $Q = 5, 10, 20, 50, 100$，$\eta = \dfrac{\omega}{\omega_0} = 0.1, \cdots, 1, \cdots, 10$，作图。

(2) MATLAB 程序如下：

clear;
n=1000;   % 数据个数，增大 n 的值可以观察到谐振点附近的情况
ww=logspace(-1,1,n); % 设定无量纲频率数组 $w_w = w/w_c$ 在 0.1 和 10 之

第8章 MATLAB 在电路分析中的应用

间产生 n 个数据

```
for  Q=[5,10,20,50,100]
    H=1./(1+j*Q.*(ww-1./ww));                            % 计算频率响应
    figure(1)                                            % 绘制线性频率特性
    subplot(2,1,1),plot(ww,abs(H)), hold on              % 绘制幅频特性
    subplot(2,1,2),plot(ww,angle(H)),hold on             % 绘制相频特性
    figure(2)                                            % 绘制对数频率特性
    subplot(2,1,1),semilogx(ww,20*log10(abs(H))),hold on % 纵坐标为分贝
    subplot(2,1,2), semilogx(ww,angle(H)),hold on        % 绘制相频特性
end
figure(1),subplot(2,1,1),grid,xlabel('ww'),ylabel('abs(H)'),hold off
subplot(2,1,2),grid,xlabel('ww'),ylabel('angle(H)'),hold off
figure(2),subplot(2,1,1),grid,xlabel('ww'), ylabel('DB'),hold off
subplot(2,1,2),grid,xlabel('ww'),ylabel('angle(H)'),hold off
```

(3) 程序运行结果

程序运行结果如图 8.32 和图 8.33 所示

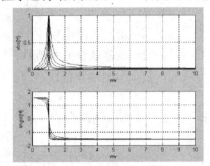

图 8.32 线性频率特性

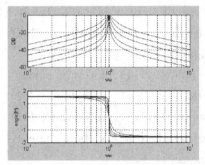

图 8.33 对数频率特性

● **例 8.16** 复杂谐振电路计算中的应用:在如图 8.34 所示的电路中,已知 $C_1=1.73$ F, $C_2=C_3=0.27$ F,$L=1$ H,$R=1$ Ω,试以 $\dot{U}_2$ 为响应分析电路的频率响应。

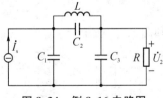

图 8.34 例 8.16 电路图

解:(1) 建模:

在正弦稳态下,对 C_1 和电流源 I_s 的并联支路可以进行电源等效,则 U_2 可以根据分压法直接计算。

$$\dot{U}_2 = \frac{\dfrac{1}{\dfrac{1}{R}+j\omega C_3}}{\dfrac{1}{\dfrac{1}{R}+j\omega C_3}+\dfrac{1}{j\omega C_2+\dfrac{1}{j\omega L}}+\dfrac{1}{j\omega C_1}} \cdot \frac{1}{j\omega C_1} \cdot \dot{I}_s = Z_e \cdot \dot{I}_s$$

所以有：
$$H(j\omega)=\frac{\dot{U}_2}{\dot{I}_s}=Z_e$$

对数幅频响应为：
$$G=20\log|H(j\omega)|$$

相频响应为：
$$\theta=\arg[H(j\omega)]$$

取 $\omega=0,0.01,\cdots,10$，为横坐标，作图。

(2) MATLAB 程序如下：

```
clear;
C1=1.73;C2=0.27;C3=0.27;R=1;L=1;
w=0:0.01:10;                                  % 设定频率数组 w_w=w/w_c
Zc1=1./(j*w*C1);
Zrc3=1./(1/R+j*w*C3);
Z1c2=1./(j*w*C2+1./(j*w*L));
H=Zrc3.*Zc1./(Zrc3+Z1c2+Zc1);                 % 求复频率响应
figure(1)                                     % 绘制线性频率特性
subplot(2,1,1),plot(w,abs(H))                 % 绘制幅频特性
grid,xlabel('w'),ylabel('abs(H)')
subplot(2,1,2),plot(w,angle(H)*180/pi)        % 绘制相频特性
grid,xlabel('w'),ylabel('angle(H)')
figure(2)                                     % 绘制列数频率特性
subplot(2,1,1),semilogx(w,20*log10(abs(H)))   % 纵坐标为分贝
grid,xlabel('w'),ylabel('DB')
subplot(2,1,2),semilogx(w,angle(H)*180/pi)    % 绘制相频特性
grid,xlabel('w'),ylabel('angle(H)')
```

(3) 程序运行结果：

程序运行结果如图 8.35 和图 8.36 所示。

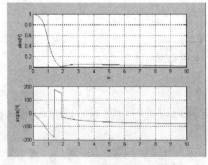

图 8.35　线性频率特性

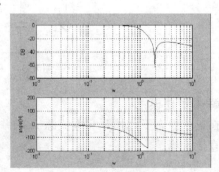

图 8.36　对数频率特性

第8章 MATLAB 在电路分析中的应用

习 题

1. 电路如图 8.37 所示,已知 $R_1=6\ \Omega, R_2=4\ \Omega, R_3=3\ \Omega, v_{s2}=-10\ V$,求电流 i_1 和 i_2。

2. 电路如图 8.38 所示,$R_1=1\ \Omega, R_2=2\ \Omega, R_3=3\ \Omega, R_4=4\ \Omega, i_s=1\ A$,电压控制电流源的控制系数 $g=2S$,求出各结点电压 U,电流 i_3 和独立电流源发出的功率。

3. 求图 8.39 所示电路的戴维宁等效电路。

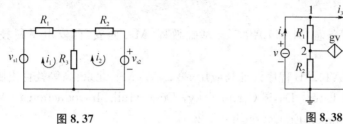

图 8.37　　　　　　　　　图 8.38

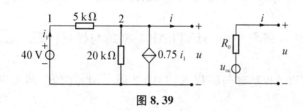

图 8.39

4. 电路如图 8.40 所示,$R_1=1\ \Omega, R_2=2\ \Omega, u_s=2\ V, g=0.5\ S, C=0.5\ F$ 电容电压的初始值 $u_c(0)=1\ V$,求电容电压 u_c 和 u_a。

5. 电路如图 8.41 所示,$V=6\ V, R_1=2\ \Omega, R_2=6\ \Omega, L_1=1\ H, L_2=4\ H$,开关在 $t=0$ 时闭合,求电感电路和 R_1 的电压。

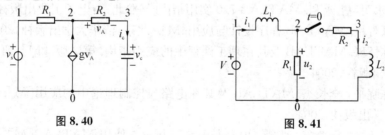

图 8.40　　　　　　　　　图 8.41

6. 电路如图 8.42 所示,$R_1=100\ \Omega, R_2=2\ \Omega, R_3=30\ \Omega, u_s=\cos(1\,000t)\varepsilon(t)\ V, L=0.1\ H, C=0.1\ \mu F$,求电压 U。

7. 电路如图 8.43 所示,$Z_1=5\angle-45°\ \Omega, Z_2=1+j2\ \Omega, Z_3=3-j4\ \Omega$。绘制图中电容电压和电感电流的幅频响应曲线。

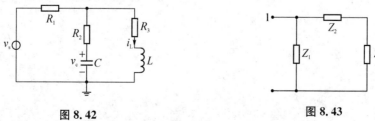

图 8.42　　　　　　　　　图 8.43

参考文献

[1] 张笑天,杨奋强. MATLAB 7.x 基础教程[M]. 西安:西安电子科技大学出版社,2008

[2] 刘卫国. MATLAB 程序设计与应用. 第 2 版. [M]. 北京:高等教育出版社,2008

[3] Delores M Etter,David C Kuncicky,Doug Hull. Introduction to MATLAB6[M]. 2nd. NJ:Pearson Education Inc.,2004

[4] Stephen J Chapman. MATLAB Programming for Engineers[M]. 北京:科学出版社,2003

[5] 飞思科技产品研发中心. MATLAB 7 基础与提高[M]. 北京:电子工业出版社,2005

[6] 张威. MATLAB 基础与编程入门. 第 2 版. [M]. 西安:西安电子科技大学出版社,2009

[7] 楼顺天,姚若玉,沈俊霞. MATLAB 7.x 程序设计语言. 第 2 版. [M]. 西安:西安电子科技大学出版社,2009

[8] 梅志红,杨万铨. MATLAB 程序设计基础及其应用[M]. 北京:清华大学出版社,2005

[9] 苏永明,王永利. MATLAB 7.0 实用指南[M]. 北京:电子工业出版社,2004

[10] 张智星. MATLAB 程序设计与应用[M]. 北京:清华大学出版社,2002

[11] 陈怀琛. MATLAB 及其在理工课程中的应用指南. 第 2 版. [M]. 西安:西安电子科技大学出版社,2004

[12] 陈晓平,李长杰. MATLAB 及其在电路与控制理论中的应用[M]. 合肥:中国科学技术大学出版社,2004

[13] 赵怀录,杨育霞,张震. 电路与系统分析——使用 MATLAB[M]. 北京:高等教育出版社,2004

[14] 唐向宏,岳恒立,郑雪峰. MATLAB 及在电子信息类课程中的应用[M]. 北京:电子工业出版社,2006